普通高等院校新工科“人工智能+”系列教材

大学计算机基础与计算思维实验指导

主　编　赵颖群　王巧玲

副主编　刘　滢　赵　博

参　编　史迎馨　王　成　郭　丹

科学出版社

北　京

内 容 简 介

本书是与《大学计算机基础与计算思维》（王巧玲，郭丹主编，科学出版社出版）配套的实验指导书，其内容与教材同步，是教材的必要补充。本书实验设计合理，操作步骤清晰，图文并茂，实用性较强。

本书可作为高等学校计算机基础课程实验指导书，也可作为计算机初学者自学用参考书。

图书在版编目（CIP）数据

大学计算机基础与计算思维实验指导/赵颖群，王巧玲主编. 一北京：科学出版社，2023.8

（普通高等院校新工科“人工智能+”系列教材）

ISBN 978-7-03-075520-9

Ⅰ. ①大… Ⅱ. ①赵…②王… Ⅲ. ①电子计算机-高等学校-教学参考资料②计算方法-思维方法-高等学校-教学参考资料 Ⅳ. ①TP3②O241

中国国家版本馆 CIP 数据核字（2023）第 081657 号

责任编辑：杨 昕 戴 薇 / 责任校对：王万红

责任印制：吕春珉 / 封面设计：东方人华平面设计部

科 学 出 版 社 出版

北京东黄城根北街 16 号

邮政编码：100717

http://www.sciencep.com

三河市良远印务有限公司印刷

科学出版社发行 各地新华书店经销

*

2023 年 8 月第 一 版 开本：787×1092 1/16

2024 年 7 月第二次印刷 印张：11

字数：260 000

定价：37.00 元

（如有印装质量问题，我社负责调换）

销售部电话 010-62136230 编辑部电话 010-62138978-2032

前　言

教育是国之大计、党之大计，教育、科技、人才是全面建设社会主义现代化国家的基础性、战略性支撑。全面建设社会主义现代化国家，必须坚持科技是第一生产力、人才是第一资源、创新是第一动力，深入实施科教兴国战略、人才强国战略、创新驱动发展战略。高等教育人才培养要树立质量意识、抓好质量建设、全面提高人才自主培养质量。

计算机基础已成为高等教育的重要课程。加强计算机基础教学，不仅是计算机学科本身的需要，更是促进其他学科内容体系更新、深化教学改革以适应社会信息化发展的需要。本书是与《大学计算机基础与计算思维》（王巧玲，郭丹主编，科学出版社出版）配套的实验指导书，由长期承担“大学计算机基础”课程教学任务的一线教师编写。本书对实验教学内容进行了精心的选择和组织，由浅入深，循序渐进，图文并茂，简洁实用。

本书内容包括计算机基础知识、Windows 10 操作系统、计算机网络与信息安全、程序设计与算法、文字处理软件 Word 2016、电子表格软件 Excel 2016、演示文稿软件 PowerPoint 2016 的相关实验。

本书由赵颖群、王巧玲担任主编，刘滢、赵博担任副主编，史迎馨、王成、郭丹参与编写，全书由王巧玲主审。具体编写分工如下：王巧玲编写第 1 章，赵博编写第 2 章，王成编写第 3 章，郭丹编写第 4 章，史迎馨编写第 5 章，刘滢编写第 6 章，赵颖群编写第 7 章。

在本书编写的过程中，编者参考借鉴了许多同行专家的研究成果，在此表示感谢。由于编者水平和经验有限，加之时间仓促，书中难免有不妥之处，敬请广大读者批评指正。

编　者

目　　录

第1章
计算机基础知识

实验一　硬件系统

一、实验任务

个人计算机的种类和型号繁多，每个用户在配备适合自己使用的计算机时，需要对计算机硬件系统进行深入了解。计算机主机的内部结构如图1-1所示。

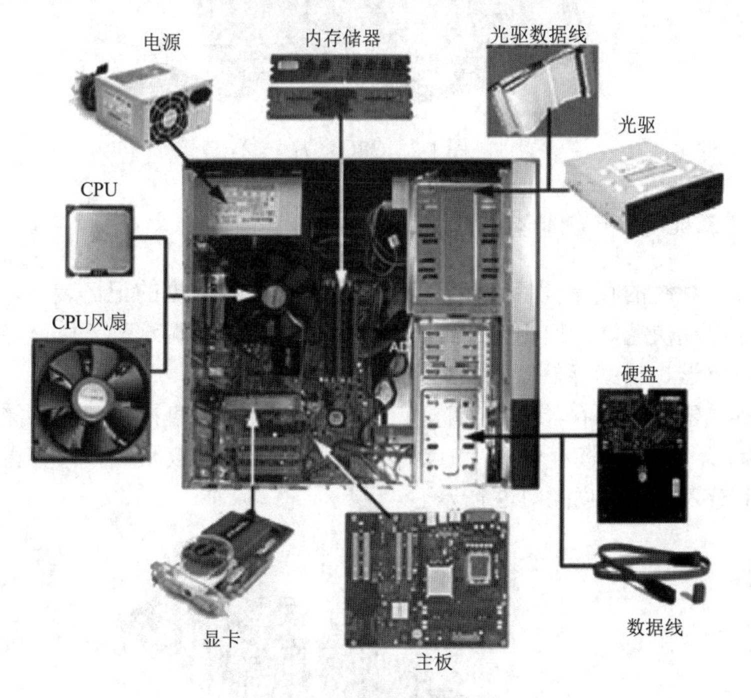

图1-1　主机内部结构图

二、实验要求

（1）认识计算机硬件系统的核心部件。
（2）认识计算机硬件系统的存储设备。
（3）认识计算机硬件系统的输入设备。
（4）认识计算机硬件系统的输出设备。

三、实验步骤

1. 认识计算机硬件系统的核心部件

中央处理器是计算机硬件系统的核心部件，简称CPU，它采用超大规模集成电路芯片，如图 1-2 所示。芯片内集成了运算器、控制器和若干高速存储单元（寄存器）。其中，运算器（ALU）主要完成算术运算及逻辑运算；控制器是计算机的“神经中枢”，负责控制和协调计算机各部件工作。

图 1-2　CPU 芯片

2. 认识计算机硬件系统的存储设备

计算机硬件系统的存储设备（存储器）是存放程序和数据的记忆装置，其容量越大越好，工作速度越快越好，但相应的价格也会越高。为了协调这种矛盾，将硬件系统存储器分为主存储器、辅助存储器和高速缓冲存储器。

（1）主存储器又称内存储器，简称内存，是 CPU 可以直接访问的存储器，其容量一般为 2～8GB，包括只读存储器（ROM）和随机存储器（RAM），内存主要存储当前正在运行的程序和数据，如图 1-3 所示。

图 1-3　内存条

（2）辅助存储器又称外存储器，简称外存。常用的外存有硬盘、光盘、闪存盘等，如图 1-4 所示。外存容量大小不等，小到 4GB，大到几百吉字节甚至几太字节。

图 1-4　辅助存储器

（3）高速缓冲存储器是介于 CPU 和主存储器之间的高速小容量存储器，由静态存储芯片（SRAM）组成，其容量较小但存储速度比主存储器快得多，接近 CPU 的运算速度。

3. 认识计算机硬件系统的输入设备

计算机硬件系统常用的输入设备有键盘、鼠标、扫描仪等，如图 1-5 所示。键盘种类很多，按照物理结构组成可分为机械式键盘和电容式键盘；按照连接方式可分为有线键盘和无线键盘。此外，机械键盘的按键数量也各有不同，普遍使用 104 键键盘。鼠标通过串行接口或 USB 接口和计算机相连，可分为两键鼠标和三键鼠标、有线鼠标和无线鼠标等种类。扫描仪可将图形和文字转换成计算机可以处理的数据，主要类型有滚筒式扫描仪、平板式扫描仪和便携式扫描仪等。

图 1-5　常用输入设备

4. 认识计算机硬件系统的输出设备

计算机硬件系统常用的输出设备有显示器、打印机，如图 1-6 所示。显示器由监视器和装在主机内的显示控制适配器（显示卡）组成。显示器在显示卡和驱动软件的支持下可以实现多种显示模式，如分辨率为 640 像素×480 像素、800 像素×600 像素、1024 像素×768 像素等。打印机主要类型有针式打印机、喷墨式打印机和激光式打印机等。

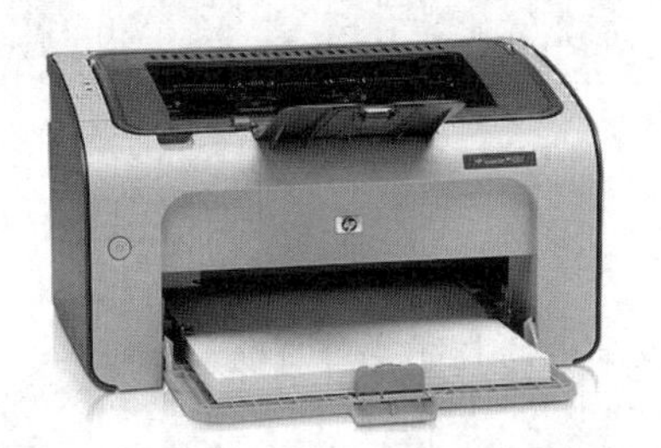

图 1-6　常用输出设备

四、实验练习题

（1）简述计算机存储设备的分类及特点。

（2）说明计算机存储容量的单位，以及不同单位之间的换算关系。

实验二 打 字 练 习

一、实验任务

熟练地掌握中英文输入法，快速、准确地完成资料数据编辑，这是用人单位对从业人员最基本的要求。为此，必须提前练习，打好基础，并达到目标（英文打字速度达到120个字符/分钟，中文打字速度达到30个汉字/分钟）。

二、实验要求

（1）了解计算机标准键盘的布局。

（2）掌握正确的打字操作姿势。

（3）掌握键盘操作基本指法。

（4）了解中文输入法的各种符号。

三、实验步骤

1. 认识计算机标准键盘的布局

通过观察认识计算机标准键盘的布局（图1-7）。整个键盘分为五个区：上面一行是功能键区和状态指示区；下面五行是主键盘区、编辑键区和辅助键区。

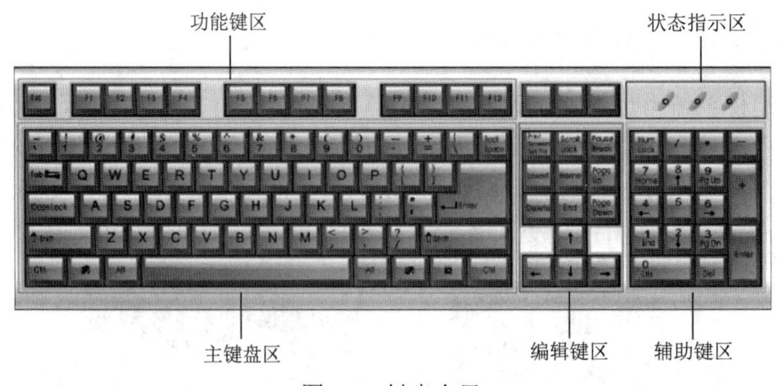

图1-7 键盘布局

2. 掌握正确的打字操作姿势

打字之前一定要端正坐姿（图1-8）：两脚平放，腰部挺直，双手自然垂放在键盘上，身体略向前倾，与键盘的距离为20～30厘米。

3. 练习键盘操作基本指法

打字时，每个手指分工明确，都有各自负责的字键。掌握正确的指法练习是成为打字高手的前提。标准的打字键盘手指分工如图 1-9 所示。

图 1-8　打字姿势

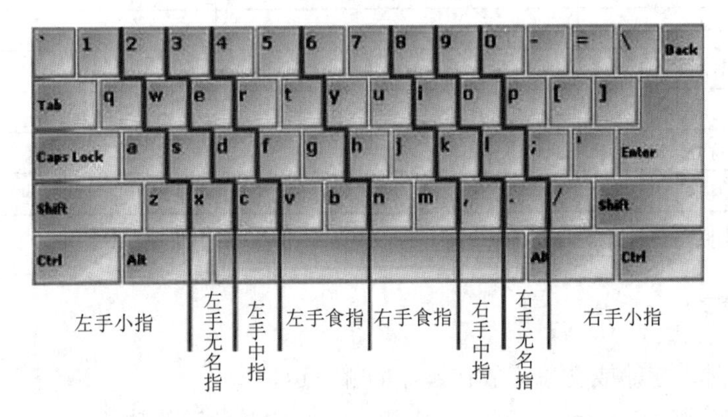

图 1-9　手指分工

在练习指法的过程中，需要注意以下几点。

（1）一定把手指按照分工放在正确的键位上。

（2）有意识地记住键盘各个字符的位置，体会不同键位上的字键被敲击时手指的感觉，逐步养成不看键盘输入的习惯。

（3）必须集中精力，做到手、脑、眼协调一致，尽量避免边看原稿边看键盘，这样容易分散注意力。

（4）在指法练习的初级阶段，即使速度慢，也要保证输入的准确性。

4. 认识中文输入法的各种符号

中文输入法是学习计算机必须掌握的内容。快速准确地输入汉字，特别是使用一些中文符号，会给学习和工作带来极大方便。目前，常用的中文输入法有搜狗拼音/五笔输入法、智能 ABC 输入法、QQ 拼音/五笔输入法等。常用的中文标点符号与键盘对照表见表 1-1。

表 1-1 常用的中文标点符号与键盘对照表

符号名称	中文标点	键位
句号	。	.
逗号	，	,
分号	；	;
冒号	：	:
问号	？	?
感叹号	！	!
双引号	“ ”	“
单引号	‘ ’	‘
括号	（ ）	( )
双、单书名号	《 〈	<
双、单书名号	》 〉	>
省略号	……	^
破折号	——	_
顿号	、	\
间隔号	•	@
人民币符号	￥	$
连接号	—	&

注：使用键盘上档键时，应按 Shift 键。有些符号的键位与具体输入法有关，此表仅供参考。

四、实验练习题

（1）打字时，书籍或文稿应放在键盘的哪一边？

（2）分别说明 Backspace、Enter、Shift、Ctrl、Alt 各键的功能。

（3）分别说明 Caps Lock、Insert、Delete、Home、End、Page Up、Page Down 各键的功能。

（4）指示灯在什么状态下会亮？

（5）中英文输入法及英文大小写如何切换？

第2章

Windows 10 操作系统

实验一　基 本 操 作

一、实验任务

熟练掌握 Windows 10 操作系统的基本操作。Windows 10 操作系统的基本操作包括操作系统的启动和关闭，鼠标操作，“窗口菜单”和“对话框”操作，“开始”菜单和“任务栏”操作，应用程序的启动和退出，中文输入法的使用等。

二、实验要求

（1）练习 Windows 10 操作系统的启动和关闭操作。
（2）练习鼠标操作。
（3）练习窗口的基本操作。
（4）练习切换窗口和排列窗口的操作。
（5）练习对话框的基本操作。
（6）练习使用“开始”菜单。
（7）练习设置“开始”菜单。
（8）练习使用任务栏。
（9）练习将应用程序的快捷方式固定到任务栏。
（10）练习设置任务栏。
（11）练习应用程序的启动和退出操作。
（12）练习使用中文输入法。
（13）练习新增桌面操作。

三、实验步骤

1. Windows 10 操作系统的启动和关闭操作

下面介绍启动计算机、重新启动计算机和关闭计算机的操作。
（1）启动计算机。
① 打开显示器电源（按有⏻标识的按钮，电源打开后指示灯亮）。
② 按下主机箱上的电源按钮（有⏻标识的按钮）。
计算机开机即执行硬件自检程序，硬件检测无误后即开始执行系统引导程序，引导

启动 Windows 10 操作系统。当进入 Windows 10 操作系统桌面时，启动完成。

（2）重新启动计算机。单击“开始”→电源按钮，在弹出的级联菜单中选择“重启”命令。

（3）关闭计算机。单击“开始”→电源按钮，在弹出的级联菜单中选择“关机”命令。

2. 鼠标操作

在桌面上练习鼠标的指向、单击、双击、右击和拖动操作。

（1）指向。移动鼠标，将指针移到“回收站”图标或其他图标上。

（2）单击。将鼠标指针指向“此电脑”图标或其他图标，快速按下并立即释放鼠标左键。

（3）双击。将鼠标指针指向“此电脑”图标或其他图标，连续两次快速单击鼠标左键。

（4）右击。将鼠标指针指向“此电脑”图标或其他图标，快速按下并立即释放鼠标右键。

（5）拖动。将鼠标指针指向“回收站”图标或其他图标，按住鼠标左键不放，同时移动鼠标到指定位置，然后释放鼠标左键。

（6）滑动滚轮。向前或向后滑动鼠标左右键中间的滚轮。

3. 窗口的基本操作

以“此电脑”窗口为例，完成窗口的基本操作。

（1）双击桌面上的“此电脑”图标，打开“此电脑”窗口。

（2）最大化窗口。

方法 1：单击窗口右上角的按钮。

方法 2：将“此电脑”窗口作为当前窗口，使用 Alt +空格+X 或者 Windows 微标键+↑组合键。

（3）最小化窗口。

方法 1：单击窗口右上角的按钮。

方法 2：将“此电脑”窗口作为当前窗口，使用 Alt +空格+N 或者 Windows 微标键+↓组合键。

方法 3：使用 Windows 微标键+D 组合键最小化所有窗口。

（4）关闭窗口。

方法 1：单击窗口右上角的按钮。

方法 2：将“此电脑”窗口作为当前窗口，使用 Alt+F4 或者 Ctrl+W 组合键。

（5）移动窗口。

方法 1：拖动窗口标题栏，移动窗口到桌面任意位置。

方法 2：使用 Windows 微标键+←或 Windows 微标键+→组合键，可将窗口放在桌面的左半侧或右半侧。

（6）通过 4 条边框线和 4 个角改变窗口的大小（通过拖动对应的边线或角完成）。

4. 切换窗口和排列窗口

实现窗口切换和窗口排列的操作如下。

（1）打开任意多个窗口，如“此电脑”窗口、“控制面板”窗口、“回收站”窗口、“画图”应用程序窗口等。不要将这些窗口最大化或最小化。

（2）单击任务栏上相应窗口的图标按钮，或单击相应窗口的可视部分，即可实现窗口切换。

（3）在任务栏的空白处右击，在弹出的快捷菜单中选择相应的命令（“层叠窗口”“堆叠显示窗口”“并排显示窗口”等）完成排列窗口的操作。同时，在快捷菜单中出现相对应的“撤消”命令，用户可以选择该命令撤消本次窗口排列。

（4）使用 Alt+Tab 组合键，可在所有打开的窗口之间实现切换。

5. 对话框的基本操作

以“系统属性”对话框为例，完成对话框的基本操作。

（1）右击“此电脑”图标，在弹出的快捷菜单中选择“属性”命令，在打开的“系统”窗口中选择“系统保护”命令，打开“系统属性”对话框。

（2）在“系统属性”对话框中认识各种对话框元素。

（3）关闭对话框。

6. 使用“开始”菜单

与“开始”菜单有关的各种操作如下。

（1）打开“开始”菜单。单击“开始”按钮（或者按 Windows 徽标键，或者按 Ctrl+Esc 组合键）即可。

（2）启动程序。“开始”菜单（图 2-1）左侧为所有程序列表区，其右侧为“开始”屏幕区。可在所有程序列表区找到目标程序并单击启动，也可在“开始”屏幕区单击启动。

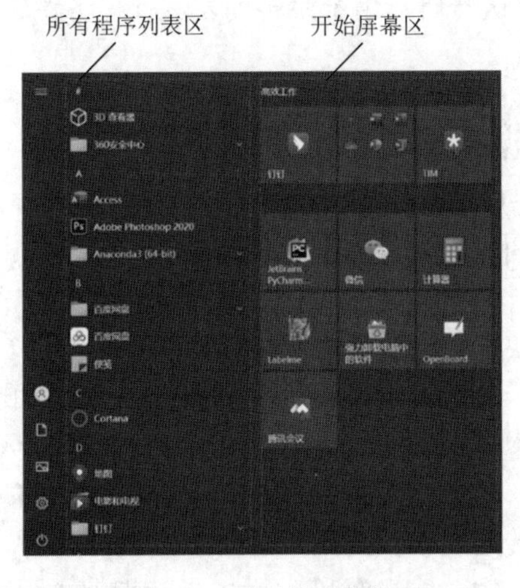

图 2-1　“开始”菜单

（3）“开始”屏幕区的项目管理。

① 添加项目。右击所有程序列表区的程序图标，在弹出的快捷菜单中选择“固定到‘开始’屏幕”命令。

② 删除项目。在“开始”屏幕区右击某程序图标，在弹出的快捷菜单中选择“从‘开始’屏幕取消固定”命令。

③ 移动项目。在“开始”屏幕区拖动某程序图标，可以实现图标位置移动。将一个图标拖动到另一个图标上，可以实现创建文件夹的效果，这与在手机屏幕上创建图标文件夹的操作类似。

7. 设置开始菜单

（1）单击“开始”→“设置”→“个性化”→“开始”按钮。

（2）在“开始”菜单中显示更多磁贴。该项默认关闭，当该项设置为开启时，“开始”菜单右侧的“开始”屏幕区会变宽。

（3）在“开始”菜单中显示应用列表。该项默认开启，当该项设置为关闭时，“开始”菜单左侧将不显示程序列表。

（4）显示最近添加的应用。该项默认开启，当该项设置为关闭时，“开始”菜单左侧的程序列表顶部将不会显示最近添加的应用程序图标。

（5）显示最常用的应用。该项默认关闭且为灰色不可用状态，开启该项的方法如下：

① 单击“开始”→“设置”→“隐私”→“Windows 权限”→“常规”按钮，打开常规设置窗口。

② 将“允许 Windows 跟踪应用启动，以改进开始和搜索结果”项设置为开启。

③ 返回“开始”菜单设置界面，该项变为可编辑状态，可以开启。

（6）使用全屏开始屏幕。该项默认关闭，当该项设置为开启时，单击“开始”按钮后全屏显示“开始”菜单。

（7）在“开始”菜单或任务栏的跳转列表中及文件资源管理器的“快速应用”中显示最近打开的项。该项默认开启，用于跳转列表进行任务跳转。

8. 使用任务栏

使用任务栏的各种操作如下。

（1）任务切换。首先启动“画图”程序、“计算器”程序，然后单击任务栏中的程序图标按钮进行任务切换。

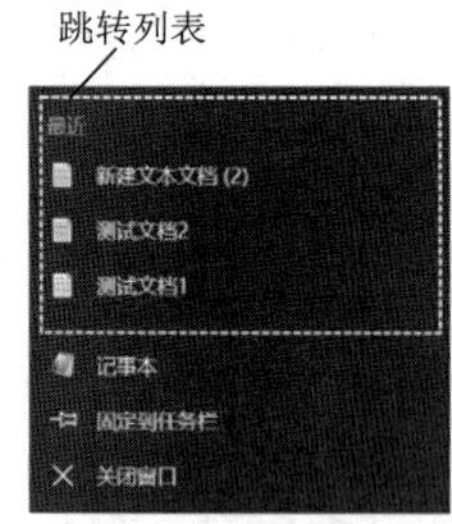

图 2-2 跳转列表

（2）关闭任务。右击“画图”程序对应的任务按钮，在弹出的快捷菜单中选择“关闭窗口”命令。

（3）使用跳转列表进行任务跳转，如图 2-2 所示。首先启动“记事本”应用程序，输入任意内容并保存；然后新建一个记事本文档，输入任意内容并保存。右击“记事本”任务图标，在弹出的跳转列表中找到刚才建立的记事本文档，单击即可打开。

（4）窗口预览。鼠标指针指向“记事本”任务图标，查看所有打开窗口的缩略图，单击某个窗口的缩略图，使该窗口成为当前窗口。

（5）显示桌面。鼠标指针指向“显示桌面”按钮（打开的任务窗口不能最小化），观察变化；单击“显示桌面”按钮，观察变化；再次单击“显示桌面”按钮，观察变化。“显示桌面”组合键为 Win+D。

9. 将应用程序的快捷方式固定到任务栏

在任务栏中添加“记事本”应用程序的快捷方式，并通过该快捷方式启动它。

（1）打开“记事本”程序（假设已经打开）。

（2）右击任务栏中的“记事本”任务图标，在弹出的快捷菜单中选择“固定到任务栏”命令。

（3）关闭“记事本”程序，在任务栏中可以看到保留在其顶部的“记事本”快捷方式。

（4）单击任务栏中的“记事本”快捷方式，打开“记事本”程序，右击任务栏中的“记事本”任务图标，在弹出的快捷菜单中选择“从任务栏取消固定”命令，关闭“记事本”程序后，任务栏中没有“记事本”快捷方式。

10. 设置任务栏

设置任务栏属性的具体操作如下。

（1）右击任务栏空白处，在弹出的快捷菜单中选择“任务栏设置”命令，打开任务栏设置窗口。

（2）此处可以设置相关项。例如，将任务栏外观设置为“在桌面模式下自动隐藏任务栏”；锁定任务栏；“使用小任务栏”按钮；设置“任务栏在屏幕中的位置”等。

11. 应用程序的启动和退出

启动和退出“记事本”应用程序的操作如下。

（1）启动应用程序。

方法 1：从“开始”菜单启动应用程序。选择“开始”→“Windows 附件”→“记事本”命令。

方法 2：双击桌面上指向“记事本”程序的快捷方式或记事本生成的文档文件（“记事本”程序的快捷方式或“记事本”的文档文件必须存在，否则不能使用该方法）。

（2）退出应用程序。

方法 1：单击应用程序窗口的“关闭”按钮，这是最常用的方法。

方法 2：选择“文件”→“退出”命令。

方法 3：按 Alt+F4 组合键。

12. 使用中文输入法

练习一：Windows 自带输入法的使用。

（1）启动“记事本”应用程序。

（2）系统默认英文输入法，此时单击任务栏右侧的语言栏图标英，将英文输入法切换为中文输入法，就可以开始输入中文。此外，也可以使用 Ctrl+Shift 组合键实现中英文输入法的切换。

练习二：“搜狗”拼音输入法的使用（注意：输入中文时，键盘必须处于小写状态）。

（1）启动“记事本”应用程序。

（2）单击任务栏通知区域的语言图标，在弹出的菜单中选择“中文（简体）-搜狗拼音输入法”命令，也可反复按 Ctrl+Shift 组合键，直到出现该输入法。

（3）输入一段文字。

（4）按 Ctrl+Space 组合键，从中文输入状态切换到英文输入状态。

（5）输入一段英文。

（6）再次按 Ctrl+Space 组合键，从英文输入法切换回“搜狗”拼音输入法（使用 Ctrl+Space 组合键可以实现中英文输入法的自动切换）。

（7）验证“输入法状态栏”的第二个按钮是中英文输入法的切换按钮。

（8）单击“全/半角切换”按钮，或按 Shift+Space 组合键，可以进行全角和半角的切换，验证字符的全角形式和半角形式。

（9）单击“中/英文标点”按钮或按 Ctrl+.（英文句号）组合键，即可实现中英文标点符号的切换。

（10）右击“软键盘”按钮，从弹出的菜单中选择一种键盘布局，单击输入相关符号。再次单击该按钮，关闭软键盘。

13. 新增桌面

多个桌面非常适用于保持不相关的持续项目井井有条，或在会议之前快速切换桌面。

（1）显示“任务视图”按钮。右击任务栏空白处，在弹出的快捷菜单中选择“显示任务视图按钮”，之后会在“开始”按钮附近显示“任务视图”按钮。

（2）显示任务视图。单击“任务视图”按钮，或使用 Win+Tab 组合键，可以进入任务视图界面，如图 2-3 所示。

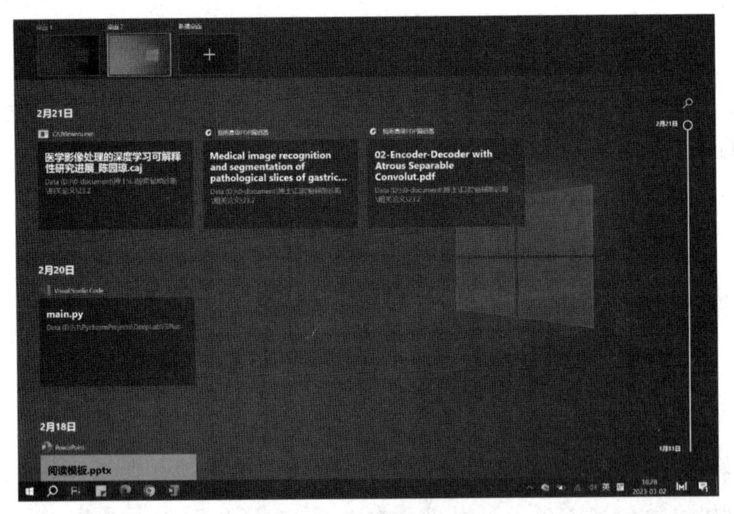

图 2-3 任务视图界面

（3）新增桌面。在多任务视图上方，单击“新建桌面”按钮即可新增桌面，也可在此处删除已创建的桌面。

（4）桌面间切换。

方法 1：在任务视图界面，利用鼠标切换桌面。

方法 2：使用 Win+Ctrl+方向左/右组合键，可在多桌面间进行切换。

四、实验练习题

（1）完成 Windows 10 操作系统关机操作中的“切换用户”操作、“注销”操作、“锁定”操作和“睡眠”操作。

（2）将“画图”程序的快捷方式添加到“开始”菜单的固定程序区。

（3）将“画图”程序的快捷方式锁定到任务栏。

（4）利用“画图”程序练习使用跳转列表。

五、思考题

请说明对话框与窗口的区别。

实验二　文件及文件夹管理

一、实验任务

Windows 10 操作系统在使用过程中会产生很多文件，合理管理这些文件非常重要。文件夹是文件的“容器”，用以分类、组织和管理文件。文件及文件夹管理操作包括创建、选择、重命名、移动和复制、删除、属性设置等。在文件及文件夹管理过程中，剪贴板是一个很实用的工具。

二、实验要求

（1）练习使用剪贴板捕获整个屏幕或窗口的操作。

（2）练习创建文件夹的操作。

（3）练习创建文件的操作。

（4）练习选择地址的操作。

（5）练习选择文件及文件夹的操作。

（6）练习重命名文件及文件夹的操作。

（7）练习移动文件及文件夹的操作。

（8）练习复制文件及文件夹的操作。

（9）练习删除文件及文件夹的操作。

（10）练习设置文件及文件夹属性的操作。

（11）练习搜索文件及文件夹的操作。

（12）练习设置文件及文件夹显示方式的操作。

（13）练习排列文件及文件夹图标的操作。

三、实验步骤

1. 使用剪贴板捕获整个屏幕或窗口

使用剪贴板捕获整个屏幕或“计算器”程序窗口。

（1）按 PrintScreen 键。

（2）启动“画图”程序。

（3）选择“主页”→“粘贴”命令，整个屏幕的图片就被粘贴过来。

（4）启动“计算器”程序。

（5）按 Alt+PrintScreen 组合键。

（6）在“画图”程序中选择“主页”→“粘贴”命令，当前活动窗口的图片就被粘贴过来。

2. 文件夹的创建

假设某学生的学号是“200912010701”，创建的所有文件夹（一个矩形框表示一个文件夹，框中文字是文件夹的名称）如图 2-4 所示。在创建文件夹的过程中，体会文件夹的分类作用。用户既可以在 D 盘的根目录下创建文件夹，也可以在其他盘中创建文件夹。

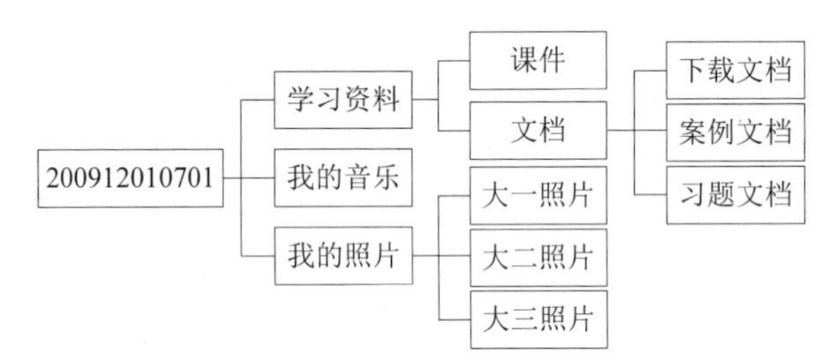

图 2-4　文件夹层次图

以在 D 盘根目录下创建文件夹为例进行说明，具体操作步骤如下。

（1）双击桌面上的“此电脑”图标，在打开的窗口中双击“D:”图标进入 D 盘，此时地址栏中显示 › 此电脑 › Data (D:) 。

（2）在该窗口空白处右击，在弹出的快捷菜单中选择“新建”→“文件夹”命令。

（3）输入文件夹名称“200912010701”。

（4）单击空白处或按 Enter 键完成文件夹的创建。

（5）双击刚创建的文件夹，进入该文件夹（注意地址栏的变化）。

（6）用同样的方法创建其他文件夹。

3. 文件的创建

在“案例文档”文件夹中创建“t1.txt”文件、“t2.txt”文件、“t3.txt”文件和“t4.txt”

文件。在“课件”文件夹中创建“picture1.bmp”文件、“picture2.bmp”文件和“picture3.bmp”文件。

（1）打开“案例文档”文件夹。

（2）在空白处右击，在弹出的快捷菜单中选择“新建”→“文本文档”命令。

（3）当输入“t1”时，创建一个名称为“t1.txt”的空白文本文档（在默认设置状态下，不显示扩展名）。

（4）用同样的方法创建“t2.txt”文件、“t3.txt”文件和“t4.txt”文件。

（5）单击地址栏中“学习资料”后面的三角按钮，在弹出的快捷菜单中选择“课件”命令，打开“课件”文件夹。

（6）在空白处右击，在弹出的快捷菜单中选择“新建”→“BMP 图像”命令。

（7）当输入“picture1”时，创建一个名称为“picture1.bmp”的空白 BMP 文档。

（8）用同样的方法创建“picture2.bmp”文件和“picture3.bmp”文件。

4. 地址的选择

打开“下载文档”文件夹，通过导航按钮和各级地址按钮实现当前地址的选择操作。

（1）打开“下载文档”文件夹。双击“D:”图标进入 D 盘，双击“200912010701”文件夹，在打开的窗口中双击“学习资料”文件夹、“文档”文件夹、“下载文档”文件夹（在完成每步操作后，观察地址栏的变化）。

（2）查看完整的路径。单击地址栏空白处，观察当前位置的完整路径。单击工作区的空白位置，又恢复默认显示方式。

（3）通过导航按钮按照顺序导航地址位置。图标 ← → ˅ ↑ › 此电脑 › Data (D:) 中向左和向右的箭头表示在当前文件夹和上一个打开的文件夹之间切换；向上的箭头表示按照文件夹的树形结构跳转到上一层文件夹。

（4）单击地址栏中某地址位置的按钮，可以直接进入该地址。单击地址栏中某地址后面的三角按钮，可以选择该地址的下级地址。

5. 文件及文件夹的选择

在“Windows”文件夹中练习选择操作。

（1）打开“Windows”文件夹。

（2）练习各种选择操作。例如，练习选择单个对象、选择多个连续对象、选择多个不连续对象、全部选中、反向选择、鼠标拖动选择等操作。

选择多个连续对象：选中起始文件，按住 Shift 键的同时单击最后一个文件，可以选中两者之间的所有文件或文件夹。

选择多个不连续对象：按住 Ctrl 键的同时，单击多个不连续的目标文件或文件夹即可。

全部选中：可以选中所有文件，或者使用 Ctrl+A 组合键。

反向选择：选择若干文件或文件夹，在窗口菜单栏的“主页”选项卡“选择”组中单击“反向选择”按钮，即可选中除选中目标外的其他所有文件或文件夹。

6. 文件及文件夹的重命名

将“我的照片”文件夹改名为“myphoto”，将“案例文档”文件夹中的“t4.txt”文件改名为“说明.txt”。

（1）打开“200912010701”文件夹。

（2）右击“我的照片”文件夹，在弹出的快捷菜单中选择“重命名”命令。

（3）输入“myphoto”。

（4）按 Enter 键或单击空白处。

（5）打开“案例文档”文件夹。

（6）将“t4.txt”文件重命名为“说明.txt”。

注意：若当前设置不显示文件扩展名，则只需将“t4”改为“说明”即可；若当前设置显示文件扩展名，则不必修改或删除扩展名，只需修改文件主名即可。

7. 文件及文件夹的移动

将“案例文档”文件夹中的“t3.txt”文件和“说明.txt”文件移动到桌面。

（1）打开“案例文档”文件夹。

（2）选择“t3.txt”文件和“说明.txt”文件。

（3）在被选择对象（高亮显示）上右击，在弹出的快捷菜单中选择“剪切”命令，或按 Ctrl+X 组合键。

（4）回到桌面（以桌面为目标位置）。

（5）在空白处右击，在弹出的快捷菜单中选择“粘贴”命令，或按 Ctrl+V 组合键，完成移动。

8. 文件及文件夹的复制

将“课件”文件夹中的“picture1.bmp”文件复制到“大三照片”文件夹。

（1）打开“课件”文件夹。

（2）选择“picture1.bmp”文件。

（3）在被选择对象（高亮显示）上右击，在弹出的快捷菜单中选择“复制”命令，或按 Ctrl+C 组合键。

（4）打开“大三照片”文件夹。

（5）在空白处右击，在弹出的快捷菜单中选择“粘贴”命令，或按 Ctrl+V 组合键，完成复制。

9. 文件及文件夹的删除

删除“大三照片”文件夹中的“picture1.bmp”文件。

（1）打开“大三照片”文件夹。

（2）选择“picture1.bmp”文件。

（3）在被选择对象（高亮显示）上右击，在弹出的快捷菜单中选择“删除”命令，或按 Delete 键。

（4）在打开的对话框中单击“是”按钮，完成删除。

注意：快捷菜单中的删除操作只是将文件放到回收站中，若一次性彻底删除文件，则需在选中目标文件后使用 Shift+Del 组合键。

10. 文件及文件夹的属性设置

隐藏属性的设置方法如下：将“课件”文件夹中的“picture1.bmp”文件设置成“隐藏”属性。

（1）打开“课件”文件夹。

（2）在“picture1.bmp”文件上右击，在弹出的快捷菜单中选择“属性”命令。

（3）在对话框中设置“隐藏”属性。

（4）单击“确定”按钮，完成设置。

（5）显示隐藏文件。在窗口中选择“查看”→“显示/隐藏”→“隐藏的项目”复选框，即可显示隐藏的文件或文件夹。相反地，若取消选中“隐藏的项目”复选框，则设置成“隐藏”属性的文件或文件夹将不可见。

只读属性的设置方法如下。

（1）在“课件”文件夹中新建一个名称为“111.txt”的文本文档。

（2）在“课件”文件夹中右击“111.txt”文本文档，在弹出的快捷菜单中选择“属性”命令，选中“只读”复选框，并单击“确定”按钮退出。

（3）双击打开“111.txt”文本文档，修改文档中的内容并保存文档，在弹出的“另存为”对话框中选择“另存为”路径，不能直接保存在“111.txt”文档中。

11. 文件及文件夹的搜索

搜索 D 盘中所有扩展名为“.txt”的文件。

（1）打开“此电脑”窗口，双击“D:”图标进入 D 盘，此时地址栏中最末级文件夹是 D 盘。

（2）在搜索栏的文本框中输入“*.txt”。

（3）查看搜索结果。

其他常用的搜索符号如下。

ab*c.*：表示搜索文件名以“ab”开头、以“c”结尾的所有类型文件，“*”表示零个或多个字符。

ab?c.txt：表示搜索文件名以“ab”开头且文件名长度为 4 的 txt 类型文档，“？”表示一个字符。

12. 文件及文件夹显示方式的设置

在“Windows”文件夹中完成图标显示方式的设置。

（1）打开“此电脑”窗口。

（2）打开 C 盘。

（3）打开“Windows”文件夹。

（4）单击“查看”→“布局”选项组中的下拉按钮选择查看方式。查看方式包括超大图标、大图标、中等图标、小图标、列表、详细信息、平铺、内容等。也可以通过右击文件夹空白处，在弹出的快捷菜单中选择“查看”命令，在打开的级联菜单中选择查看方式。

13. 文件及文件夹图标的排列

1）窗口中的图标排列

在“Windows”文件夹中完成图标排列的操作。

（1）打开“Windows”文件夹。

（2）通过单击“查看”→“排序方式”按钮，在打开的下拉列表中选择相应命令实现图标排列（名称、修改日期、类型、大小等）。

（3）在“详细信息”显示方式下，还可以通过单击列表的标题进行快速排序。

2）桌面上的图标排列

桌面上的图标排列操作如下。

（1）单击任务栏最右端的“显示桌面”按钮（若桌面没有窗口，则此步可以省略）。

（2）右击桌面空白处，在弹出的快捷菜单中选择“排序方式”命令，在级联菜单中选择“排序”命令。

四、实验练习题

（1）在桌面上建立关于歌曲分类的文件夹树。

（2）从网上下载一些歌曲到相应的文件夹中，然后将该文件夹复制到U盘或其他移动存储设备中。

（3）设置“文件夹选项”，显示具有隐藏属性的文件，具体操作步骤如下。

① 打开“此电脑”窗口。

② 单击“查看”→“选项”按钮，打开“文件夹选项”对话框。

③ 选择“查看”→“高级设置”→“隐藏文件和文件夹”中的“显示隐藏的文件、文件夹和驱动器”单选按钮。

（4）设置“文件夹选项”，显示文件的扩展名，具体操作步骤如下。

① 打开“此电脑”窗口。

② 单击“查看”→“选项”按钮，打开“文件夹选项”对话框。

③ 取消选中“查看”→“高级设置”列表中的“隐藏已知文件类型的扩展名”复选框。

实验三　文 档 操 作

一、实验任务

由 Windows 应用程序产生的文件称为文档。计算机在使用过程中会产生大量的文档，但各种类型文档的操作方法是统一的。文档操作主要有新建、打开、编辑和保存等 4 种操作，办公人员必须熟练掌握这些操作。下面以“记事本”应用程序为例，练习文档的相关操作。

二、实验要求

（1）练习新建文档操作。
（2）练习打开文档操作。
（3）练习编辑文档操作。
（4）练习保存文档操作。

三、实验步骤

1. 新建文件夹

在 D 盘建立一个名称为“mydoc”的文件夹。

2. 新建文档操作

新建记事本文档，然后将其保存到“D:\mydoc”文件夹下。
（1）启动“记事本”应用程序（自动建立一个名称为“无标题”的记事本文档）。
（2）输入一些内容。
（3）选择“文件”→“保存”命令，打开如图 2-5 所示的“另存为”对话框。

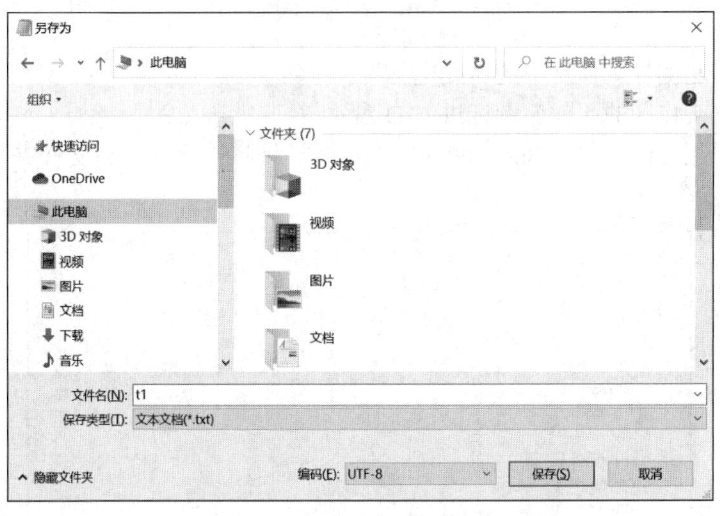

图 2-5　“另存为”对话框（1）

（4）单击左侧导航窗格中的“此电脑”。
（5）双击工作区的“D:”图标进入 D 盘。
（6）双击工作区的“mydoc”文件夹，这时地址栏中最后一级文件夹是“mydoc”。
（7）在“文件名”文本框中输入“t1”，单击“保存”按钮，完成保存。

（8）选择“文件”→“新建”命令，再新建一个文档。

（9）重复步骤（2）～步骤（7），以“t2”为文件名保存到“D:\mydoc”文件夹下。

（10）退出“记事本”应用程序。

3. 打开、编辑和保存文档操作

打开“D:\mydoc”文件夹下的记事本文档“t1”，编辑后进行保存操作。

（1）启动“记事本”应用程序。

（2）选择“文件”→“打开”命令，打开如图 2-6 所示的“打开”对话框。

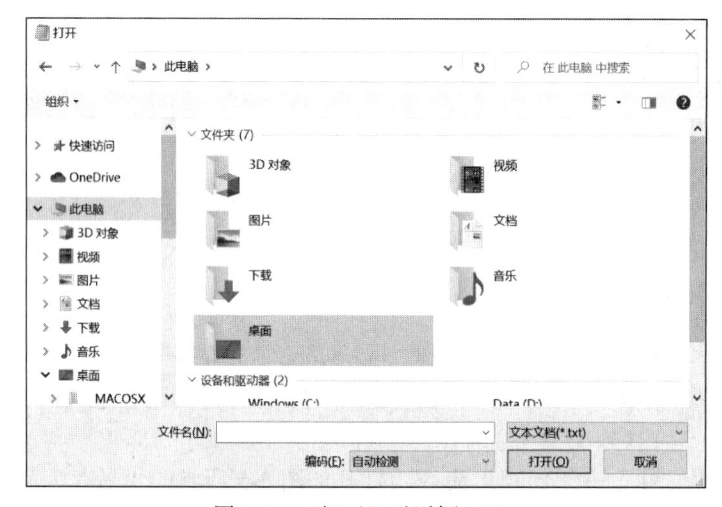

图 2-6 “打开”对话框（1）

（3）单击左侧导航窗格中的“此电脑”。

（4）双击工作区的“D:”图标进入 D 盘。

（5）双击工作区的“mydoc”文件夹，这时地址栏中最后一级文件夹是“mydoc”，如图 2-7 所示。

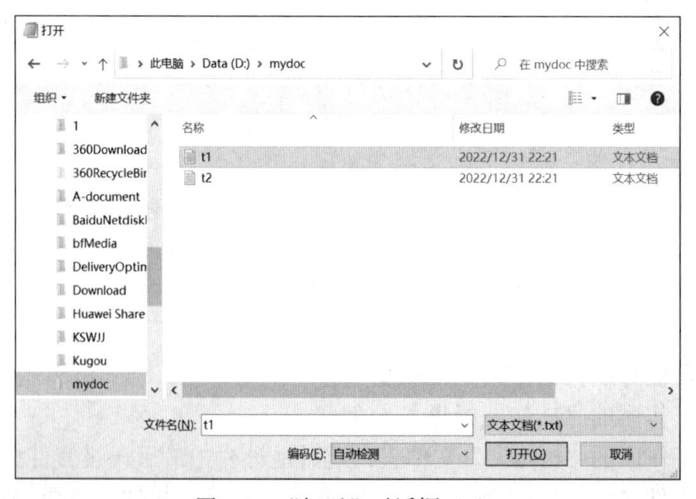

图 2-7 “打开”对话框（2）

（6）双击“t1”，或单击“t1”再单击“打开”按钮。

（7）继续输入一些内容，或者进行其他一些编辑操作。

（8）选择“文件”→“保存”命令，观察发生的变化。

（9）退出“记事本”应用程序。

（10）再次打开“t1”文档，观察上次编辑的内容是否已保存。

（11）继续编辑该文档。

（12）选择“文件”→“另存为”命令，打开“另存为”对话框。

（13）单击左侧导航窗格中的“桌面”，此时地址栏显示为“桌面”。

（14）在“文件名”文本框中输入“t3”，具体设置如图 2-8 所示，然后单击“保存”按钮。

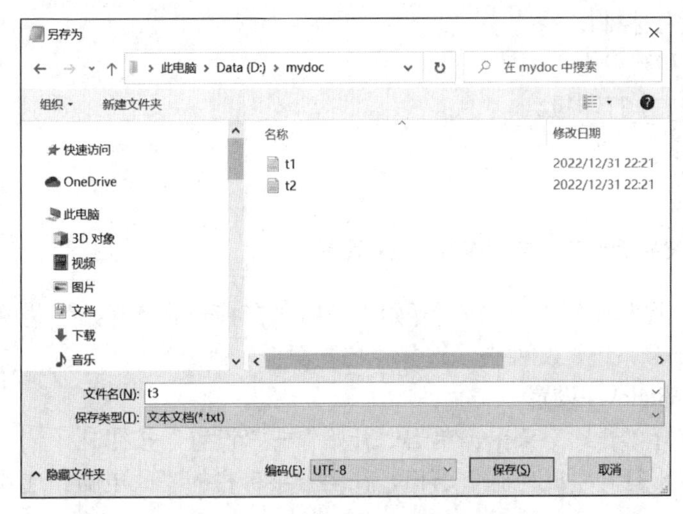

图 2-8 “另存为”对话框（2）

（15）打开“D:\mydoc”文件夹下的“t1”文档，观察内容是否发生变化？

（16）打开“桌面”上的“t3”文档，观察内容是否发生变化？

四、实验练习题

（1）以“画图”应用程序为例，练习文档的操作。

（2）以“Microsoft Word”应用程序为例，练习文档的操作。

实验四 调整计算机的设置

一、实验任务

可以对 Windows 10 操作系统环境进行调整和设置，既可以在系统设置中调整，也可以在“控制面板”中调整。计算机的设置应当符合用户个性化要求，从而使系统工作环境更优化、使用更方便。

二、实验要求

（1）启动“控制面板”，启动 Windows 设置。
（2）个性化设置。
（3）显示设置。
（4）更改日期和时间。
（5）设置日期、时间及数字格式。
（6）添加和删除输入法。
（7）设置鼠标。
（8）创建和设置账户。
（9）设置家长控制。
（10）安装和卸载应用程序。
（11）设置共享打印机。

三、实验步骤

1. 启动“控制面板”，启动 Windows 设置

（1）启动“控制面板”。单击“开始”按钮，在打开的“开始”菜单左侧程序列表区找到“Windows 系统”文件夹，选择“控制面板”命令。

（2）启动 Windows 设置。

方法 1：打开“开始”菜单，单击“开始”→“设置”按钮。

方法 2：双击打开“此电脑”窗口，在上方菜单栏的“此电脑”选项卡中单击“打开设置”按钮。

2. 个性化设置

在“Windows 设置”窗口中单击“个性化”按钮，在打开的窗口中设置桌面背景、颜色、锁屏界面、主题、字体、开始菜单和任务栏。

（1）打开“背景”窗口。在该窗口中，可以设置桌面背景图片及图片填充方式，也可以更改几张背景图片，观察桌面的变化。

（2）打开“主题”窗口。此处可以直接选择 Windows 自带的主题，也可以自定义个性化配置（设置主题背景、颜色、声音等）。

（3）打开“颜色”窗口。此处的颜色是指 Windows 系统中的装饰色，包括窗口中超链接的文字、任务栏中图标下方的阴影、窗口菜单中图标的背景等。多设置几种颜色，观察系统中装饰色的变化。

（4）设置屏幕保护程序。打开“锁屏界面”窗口，此处可以设置屏幕锁定，此时显示图片及屏幕保护程序。

3. 显示设置

在“Windows 设置”窗口中单击“系统”按钮，在打开的“显示”窗口串设置显示参数。

（1）设置夜间模式。显示器会发出蓝光（这种光在白天可以看到），影响用户夜间睡眠。为了帮助用户入睡，可以开启显示器夜间模式，此后显示器将在夜间显示让眼睛更加舒适的暖色调。

（2）缩放与布局。在“更改文本、应用等项目的大小”组中可从给定选项中选择设置显示文本的大小，对比设置前后文本及其他项目大小的变化。此外，还可以通过“高级缩放设置”自定义缩放倍数。

（3）设置显示分辨率。在“显示分辨率”下拉列表中选择合适的分辨率及显示方向。在同样大小的显示器屏幕上，分辨率的数值越大，屏幕显示的字体和图标就越小。

（4）多显示器设置。若一台计算机连接多个显示器，则可在此处设置多个显示器之间的关系，这些关系包括扩展和复制。扩展是指不同显示器组合成一个整体，其他显示器是原显示器的扩展部分；复制是指所有显示器都显示同样的内容，将原显示器的内容同步到其他显示器中。

4. 更改日期和时间

（1）打开“日期和时间”设置窗口。

方法 1：打开“Windows 设置”窗口，选择“时间和语言”→“日期和时间”命令。

方法 2：右击任务栏右侧的日期栏，在弹出的快捷菜单中选择“调整日期/时间”命令。

（2）调整日期和时间。系统日期和时间默认为自动同步网络时间。此外，也可根据实际需要自定义系统的当前日期。

（3）设置后，观察任务栏通知区域日期和时间的变化。

5. 设置日期、时间及数字格式

学会调整系统日期、时间及数字格式设置。

（1）打开“日期和时间”设置窗口。单击“日期、时间和区域格式设置”超链接，在打开的窗口中单击“更改数据格式”超链接。

（2）设置日期和时间格式。

（3）设置完成后，观察日期和时间等格式的变化。

6. 添加和删除输入法

学会输入法的添加和删除操作。

（1）打开“Windows 设置”窗口，选择“时间和语言”→“语言”命令，在“首选语言”栏中选择系统默认的“中文（简体，中国）输入法”，单击“选项”按钮。

（2）在“键盘”栏中单击“添加键盘”按钮，在打开的列表中选择“微软五笔”。

（3）在任务栏的语言栏处，查看添加新输入法后的效果。

（4）删除输入法。再次进入步骤（2）列表处，选中“微软五笔”输入法，单击“删除”按钮，即可删除该输入法。

7. 设置鼠标

设置鼠标的属性，具体操作方法如下。

（1）打开“Windows 设置”窗口，选择“设备”→“鼠标”命令，打开鼠标设置窗口。

（2）通过属性设置，不仅可以完成改变鼠标左右键功能的操作，还可以设置双击速度、指针方案、指针选项等。

8. 创建和设置账户

Windows10 系统支持 Microsoft 账户和本地账户登录系统，系统默认使用 Microsoft 账户登录，该账户可以绑定系统的个性化设置及各种微软正版软件的使用权限。若切换本地账户登录，则可能导致个性化设置失效及有些付费软件不可用。设置账户需要打开“Windows 设置”窗口，选择“账户”选项，打开账户设置窗口。

（1）添加账户。打开“电子邮件和账户”窗口，此处可以添加已有账户式创建新的 Microsoft 账户。

（2）修改登录方式。Windows 10 操作系统可以安装在台式计算机、笔记本式计算机或平板电脑上，不同的设备配备不同的硬件装备，如摄像头、指纹识别器等。若没有这些硬件装备，则可使用原始密码登录。

① 打开“登录选项”窗口。

② 选择一种登录方式，并根据提示开始设置。

9. 设置家长控制

Windows 10 操作系统的“家长控制”功能不是在本设备系统设置，而是针对儿童账户进行网页设置，任何登录该儿童账户的设备都会执行家长设置的访问限制。

例如，创建一个新账户并对其实施家长控制（设置上机时间为每周二 13:00～15:00，即允许使用计算机的时间为每周二 13:00～15:00）。

（1）用一个家长账户登录系统（若已经登录，则跳过该步）。

（2）打开“Windows 设置”窗口，选择“账户”→“家庭和其他用户”命令，单击“添加家庭成员”按钮，如果没有儿童账户，可以根据提示创建一个新的账户；如果有儿童账户，那么根据提示登录该儿童账户即可，如图 2-9 所示。

（3）单击“在线管理家庭设置”超链接，打开浏览器，在网页中进行家庭管理，如图 2-10 所示。

（4）单击“儿童账户”超链接，打开儿童账户权限设置窗口，如图 2-11 所示。在该窗口中可以设置登录该儿童账户的设备，以及该儿童账户可以使用计算机的时间段。

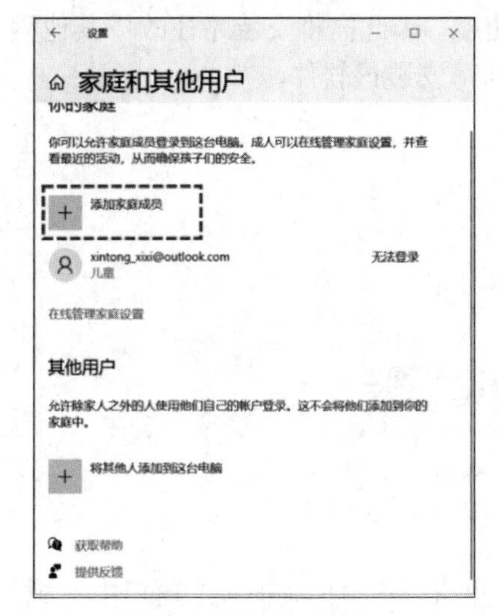

图 2-9　添加账户窗口

图 2-10　家庭管理窗口

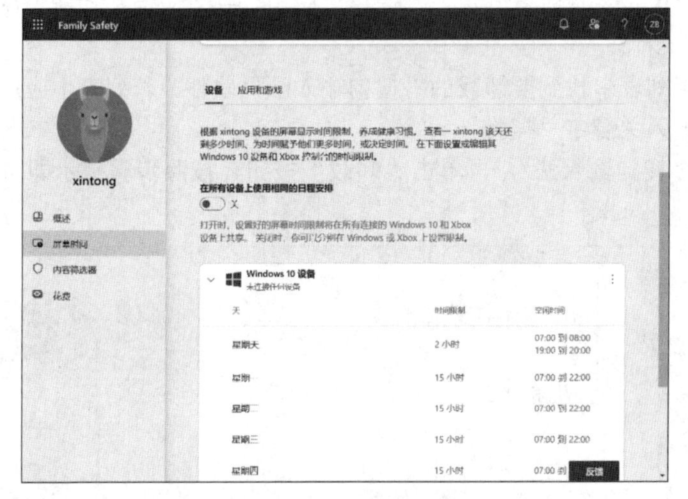

图 2-11　儿童账户管理窗口

10. 安装和卸载应用程序

安装搜狗输入法应用程序，然后再将其卸载。

1）官网下载安装文件

安装文件尽量在官网下载，在第三方网站下载的安装文件往往被植入了很多其他软件，用户一不小心就会安装很多根本用不上的软件，不仅导致系统存储空间被占用，还可能增加计算机的运行负荷。

2）安装软件

（1）开始安装。找到搜狗安装文件“sogou_pinyin_guanwang_131.exe”，双击打开该文件，打开安装窗口。

（2）修改安装路径。所有软件默认安装路径都在 C 盘，如图 2-12 所示。C 盘是系统盘，系统盘空闲空间大可以保证系统正常运行的速度，因此需将安装路径改成其他盘符。修改好安装路径后，单击“立即安装”按钮，即可安装该软件。

图 2-12　安装搜狗输入法界面

3）卸载应用程序

应用程序可以在“Windows 设置”窗口中卸载，也可以在“控制面板”窗口中卸载。

方法 1：在“Windows 设置”窗口中卸载应用程序。

（1）打开“Windows 设置”窗口，选择“应用”→“应用和功能”命令，打开“应用和功能设置”窗口。

（2）在应用列表中找到要卸载的“搜狗输入法”软件。若列表中应用软件太多，则可在搜索框中输入关键字“搜狗”。

（3）单击“搜狗输入法”，再单击“卸载”按钮，按照步骤提示即可卸载该软件，如图 2-13 所示。

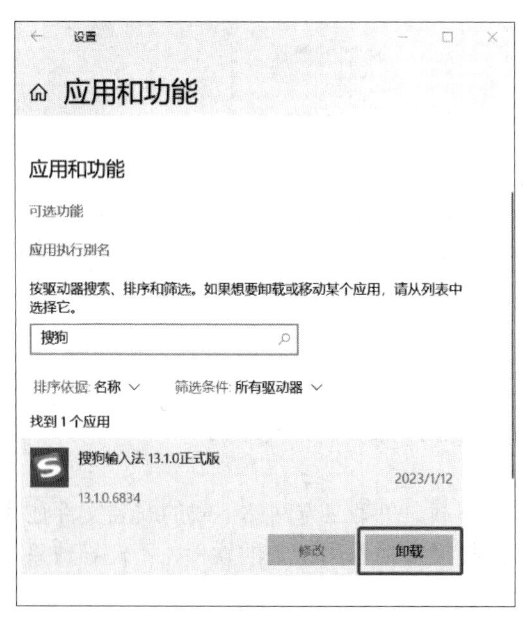

图 2-13　“Windows 设置”中卸载应用程序

方法 2：在“控制面板”窗口中卸载应用程序。

（1）打开“控制面板”窗口，单击“卸载程序”超链接，如图 2-14 所示。

图 2-14　“控制面板”中的“卸载程序”

（2）打开“程序和功能”窗口，在列表中选中要卸载的“搜狗输入法”程序，单击列表上方的“卸载/更改”按钮，按照步骤提示即可卸载该软件，如图 2-15 所示。

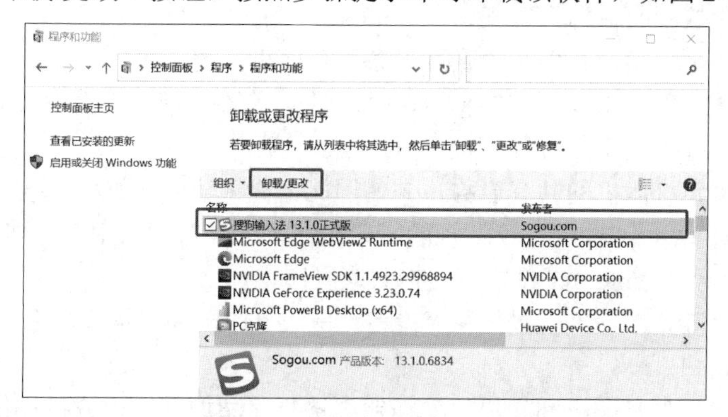

图 2-15　“程序和功能”窗口

11. 设置共享打印机

在 Windows 10 操作系统中，可将打印机共享给网络上的多台计算机。将连接到主计算机上的打印机作为共享打印机，通过设置“共享这台打印机”将网络上的其他计算机连接到此打印机上。具体操作步骤如下。

1）前提

主计算机已经安装了打印机驱动，并且保证主计算机和打印机均已开启。

2）在主计算机上共享此打印机

方法 1：使用“Windows 设置”共享打印机。

（1）选择“开始”→“设置”→“设备”→“打印机和扫描仪”命令。

（2）选择要共享的打印机，单击“管理”按钮。

（3）单击“打印机属性”超链接，打开属性设置对话框，在“共享”选项卡中选择“共享这台打印机”复选框，如图 2-16 所示。

（4）可以编辑打印机的共享名称，并使用此名称将辅助计算机连接到打印机。

方法 2：使用“控制面板”共享打印机。

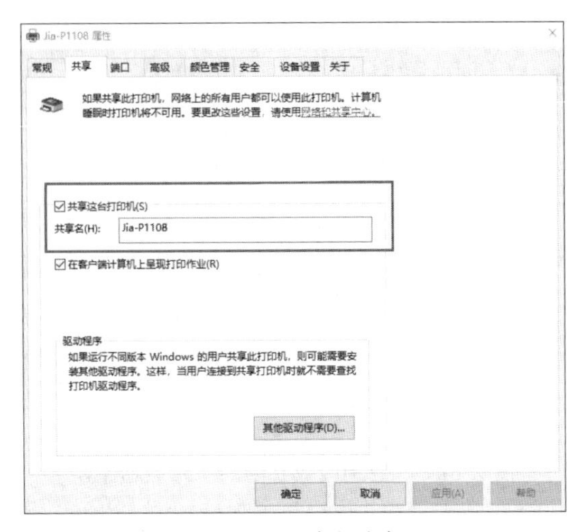

图 2-16　共享打印机

（1）打开“控制面板”。

（2）单击“硬件和声音”→“查看设备和打印机”超链接。

（3）右击要共享的打印机。选择“打印机属性”命令，打开属性设置对话框，在“共享”选项卡中选择“共享这台打印机”复选框。

（4）可以编辑打印机的共享名称，并使用此名称将辅助计算机连接到打印机。

3）将其他计算机连接到主计算机的打印机（以下是对网络中其他电脑的操作）

方法 1：使用“Windows 设置”连接共享打印机。

（1）选择“开始”→“设置”→“设备”→“打印机和扫描仪”命令，打开打印机和扫描仪设置窗口。

（2）单击“添加打印机和扫描仪”按钮，选择“添加打印机或扫描仪”命令。

（3）在搜索到的打印机中，选择要共享的打印机，然后单击“添加设备”按钮。

（4）若未找到要共享的打印机，则单击“我需要的打印机不在列表中”。

（5）在“添加打印机”对话框中，选择“按名称选择共享打印机”单选按钮，然后输入主计算机的计算机名称和使用其中一种格式的共享打印机名称，如图 2-17 所示。

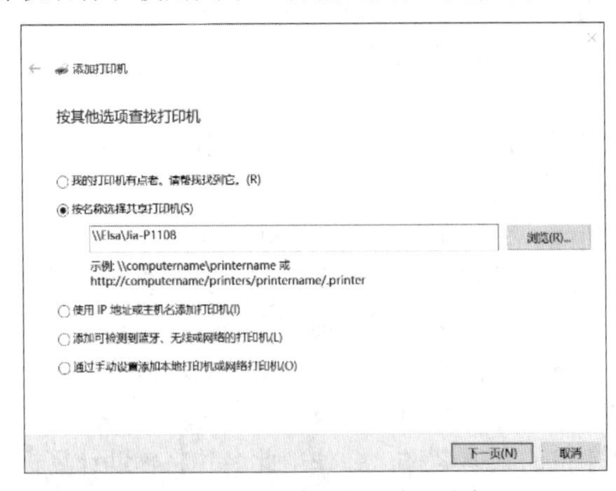

图 2-17　按名称选择共享打印机

（6）当提示安装打印机驱动程序时，单击“下一步”按钮，完成安装，如图 2-18 所示。

（7）返回“打印机和扫描仪”窗口，可以看到在打印机和扫描仪列表中出现了刚添加的网络打印机，如图 2-19 所示。

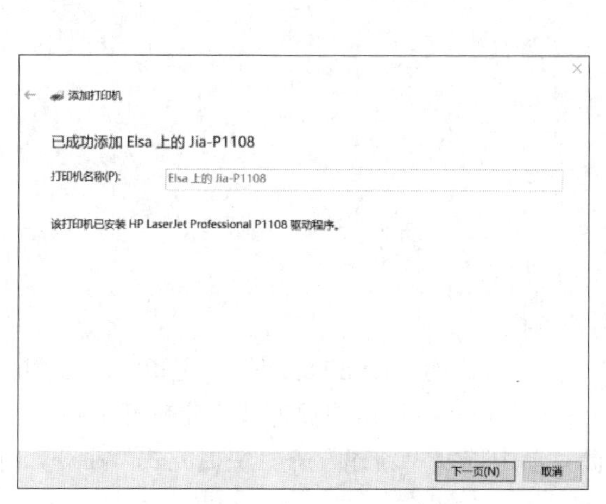

图 2-18　成功添加打印机

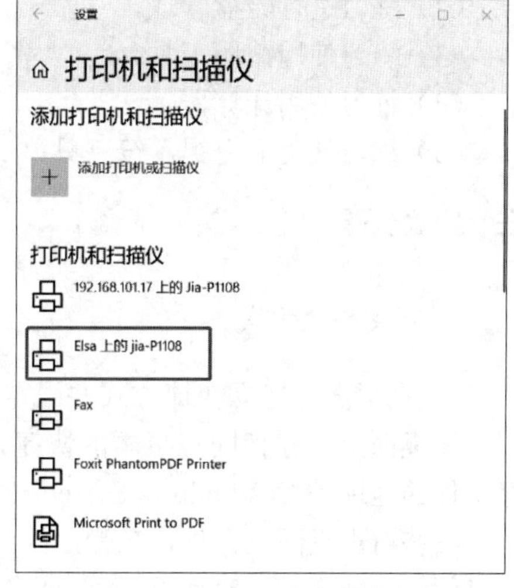

图 2-19　查看添加成功的打印机

方法 2：使用“控制面板”连接共享打印机。

（1）打开 “控制面板”窗口。

（2）单“硬件和声音”→“查看设备和打印机”超链接，然后选择“添加打印机”选项。

（3）选择要共享的打印机，单击“下一步”按钮。在出现提示时，安装打印机驱动程序。

（4）若未找到要共享的打印机，则选择“我所需的打印机未列出”。接下来的操作步骤与方法 1 中的相同。

四、实验练习题

（1）将鼠标指针的颜色改为蓝色，并将指针图标调大一些。

（2）安装“搜狗”拼音输入法。

（3）在“控制面板”中完成“添加/删除打印机”操作。

实验五　其 他 操 作

一、实验任务

熟练掌握 Windows 10 操作系统中的一些操作，让工作更有效率。例如，可以通过快捷方式快速打开经常使用的程序、文件和文件夹；经常整理磁盘碎片，可以提高磁盘的空间利用率和磁盘的读写速度；一些实用工具可以解决很多工作中的问题。

二、实验要求

（1）练习建立快捷方式。
（2）练习进行磁盘管理。
（3）练习使用截图工具。
（4）练习使用计算器。
（5）练习使用命令提示符工具。

三、实验步骤

1. 建立快捷方式

1）在桌面上建立快捷方式并固定到任务栏

在桌面上创建指向记事本的快捷方式，其名称为“mynotepad”，“记事本”应用程序文件的地址是 C:\Windows\System32\notepad.exe，并将该快捷方式固定到任务栏。

（1）右击桌面空白处，在弹出的快捷菜单中选择“新建”→“快捷方式”命令，打开“创建快捷方式”对话框。

（2）在“请键入对象的位置”文本框中输入“C:\Windows\ System32\notepad.exe”，或单击“浏览”按钮，查找该文件。

（3）单击“下一步”按钮，输入记事本快捷方式的名称“mynotepad”，单击“完成”按钮，结束创建。

（4）双击该快捷方式，验证能否打开“记事本”应用程序。

（5）固定到任务栏。右击“mynotepad”快捷方式，在弹出的快捷菜单中选择“固定到任务栏”命令，然后观察任务栏的变化。

（6）单击任务栏中相应图标，验证能否打开“记事本”应用程序。

2）在“开始”菜单中创建快捷方式

在“开始”菜单中创建指向 D 盘中“MyEOffice”文件夹的快捷方式“MyEOffice”。

（1）在 D 盘的根文件夹中创建名称为“MyEOffice”的文件夹（若已存在，则跳过该步）。

（2）创建桌面快捷方式。在 D 盘中右击“MyEOffice”文件夹，在弹出的快捷菜单中选择“发送到”→“桌面快捷方式”命令，返回桌面即可看到刚创建的“MyEOffice”快捷方式。

（3）打开存放“开始”菜单快捷方式的文件夹。单击“开始”按钮，右击任意一个程序图标，在弹出的快捷菜单中选择“更多”→“打开文件位置”命令，即可打开存放开始菜单快捷方式的文件夹。

（4）将桌面上的“MyEOffice”快捷方式拖到步骤（3）打开的文件夹中，即可在“开始”菜单的程序列表中找到“MyEOffice”按钮。

（5）单击“开始”菜单中的“MyEOffice”快捷方式，验证能否打开 D 盘中的

“MyEOffice”文件夹。

2. 磁盘管理

完成查看 C 盘属性和整理 C 盘碎片的操作。

（1）打开“此电脑”窗口，选中“C:”图标，右击，在弹出的快捷菜单中选择“属性”命令，打开“系统（C:）属性”对话框。

（2）在“常规”选项卡中设置该磁盘卷标，查看文件系统、已用空间、可用空间。单击“磁盘清理”按钮进行磁盘清理。

（3）单击“工具”→“优化”按钮，打开“优化驱动器”窗口，单击“优化”按钮启动碎片整理程序，进行碎片整理。

3. 使用截图工具

利用截图工具截取桌面上的“此电脑”图标，并以 GIF 格式保存到桌面。

（1）启动截图工具程序。单击“开始”→“Windows 附件”→“截图工具”按钮，打开“截图工具”窗口，如图 2-20 所示。

（2）单击“新建”按钮，拖动鼠标截取“此电脑”图标，截取结束后的窗口如图 2-21 所示。

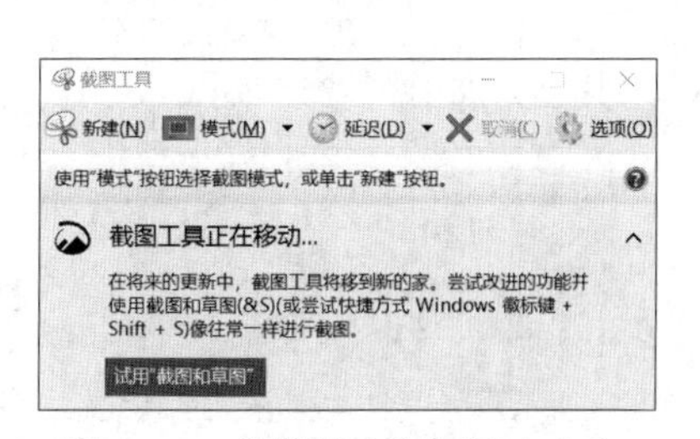

图 2-20　“截图工具”窗口（1）

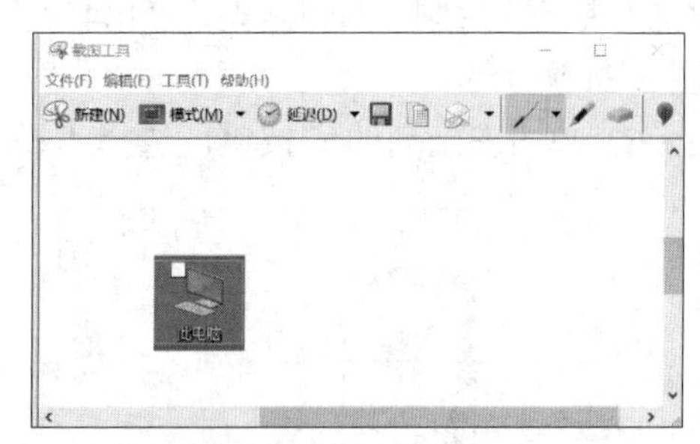

图 2-21　“截图工具”窗口（2）

（3）单击“保存”按钮，打开“另存为”对话框。

（4）在“另存为”对话框中，单击左侧导航窗格中的“桌面”以使地址栏显示为“桌面”，在“保存类型”下拉列表框中选择“GIF 文件”，在“文件名”文本框中输入“p1”作为文件名。

（5）单击“保存”按钮。

（6）单击“截图工具”窗口中的“新建”命令，重新进入截图状态，再截取一幅图。

（7）单击“编辑”→“复制”按钮。

（8）启动“画图”程序，单击“粘贴”按钮，将截图粘贴到“画图”程序的工作区，即可进行编辑和保存操作。

4. 使用计算器

计算 2^3；将 100 转换为其他进制数；计算出生的天数。

（1）启动计算器。单击“开始”→“计算器”图标。

（2）单击左上角的≡按钮，选择“科学”，其窗口如图 2-22 所示。

（3）单击“2”→“x^y”→“3”→“=”按钮，计算 2^3，结果为 8。

（4）单击左上角的≡按钮，选择“程序员”，其窗口如图 2-23 所示。

图 2-22　计算器窗口（1）

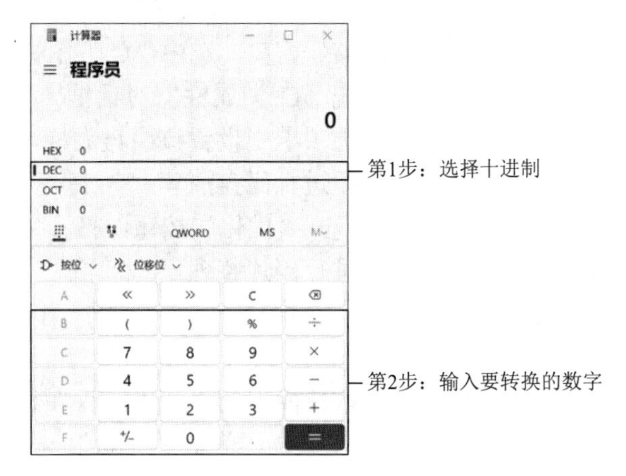

图 2-23　计算器窗口（2）

（5）输入 100，可以立即显示计算结果（“HEX”表示十六进制，得到结果为“64”；“OCT”表示八进制，得到结果为“144”；“BIN”表示二进制，得到结果为“01100100”），如图 2-24 所示。

（6）单击左上角的≡按钮，选择“日期计算”，其窗口如图 2-25 所示。

图 2-24　计算器窗口（3）

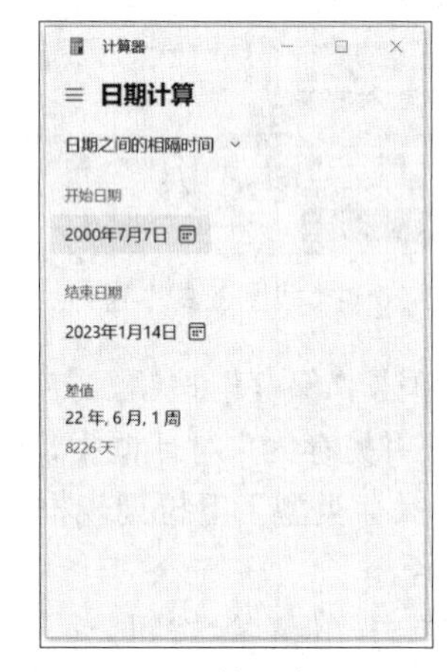

图 2-25　计算器窗口（4）

（7）在“开始日期”中选择生日的具体时间，在“结束日期”中默认选择当前日期，可以立即计算出生的天数。

5. 使用命令提示符工具

（1）选择“开始”→“所有程序”→“附件”→“命令提示符”命令，打开“命令提示符”窗口，如图 2-26 所示。

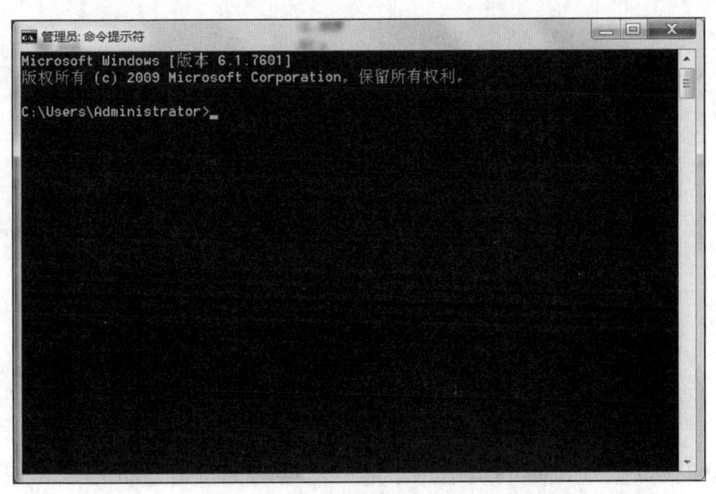

图 2-26　“命令提示符”窗口

（2）输入“dir”命令，按 Enter 键，观察文件及文件夹的浏览情况。

（3）输入“cd \”命令，按 Enter 键，观察命令提示符的变化。

（4）输入“cd windows”命令，按 Enter 键，观察命令提示符的变化。

（5）输入“dir”命令，按 Enter 键，观察文件及文件夹的浏览情况。

（6）输入“d:”命令，按 Enter 键，观察命令提示符的变化。

（7）输入“help”命令，按 Enter 键，查看关于“cd”命令和“dir”命令的说明。

（8）输入“help cd”命令，按 Enter 键，查看关于“cd”命令的语法格式及详细解释。

（9）输入“exit”命令，按 Enter 键，结束“命令提示符”工具的操作，返回 Windows。

四、实验练习题

（1）与 Word 2016 对应的可执行文件是“winword.exe”，将其安装在“C:\Program Files (x86)\Microsoft Office\Office14”路径下，在桌面上创建指向该应用程序的快捷方式。

（2）练习使用计算器的其他功能。

第 3 章

计算机网络与信息安全

实验一　Microsoft Edge 浏览器常规设置

一、实验任务

为了既方便又安全地浏览网页信息，通常需要对浏览器进行常规和安全选项设置。

二、实验要求

（1）设置默认标签页。
（2）防止跟踪及清除浏览数据。
（3）设置默认浏览器。
（4）设置文件下载选项。

三、实验步骤

1. 打开 Edge 设置

启动 Microsoft Edge（简称 Edge），单击 Edge 浏览器窗口右上角的“…”（设置及其他）按钮，在打开的列表中选择“设置”命令（图 3-1），打开 Edge 浏览器的设置页面。

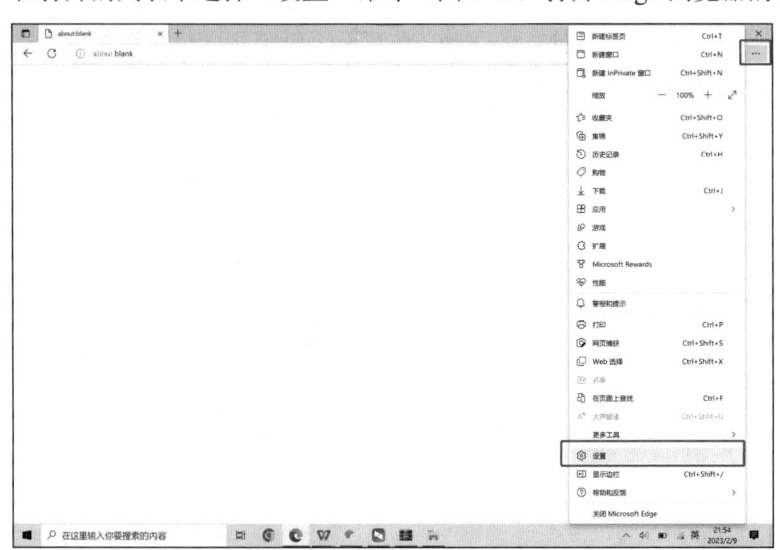

图 3-1　浏览器设置

2. 设置默认标签页

默认标签页是打开 Edge 浏览器后默认开启的页面，选择“设置”页面左侧列表中的“开始、主页和新建标签页”命令，右侧主窗体显示设置内容，既可以设置默认主页，也可以使用“打开新标签页”、“打开上一个会话中的标签页”及“打开以下页面”的方式输入网址，如图 3-2 所示。

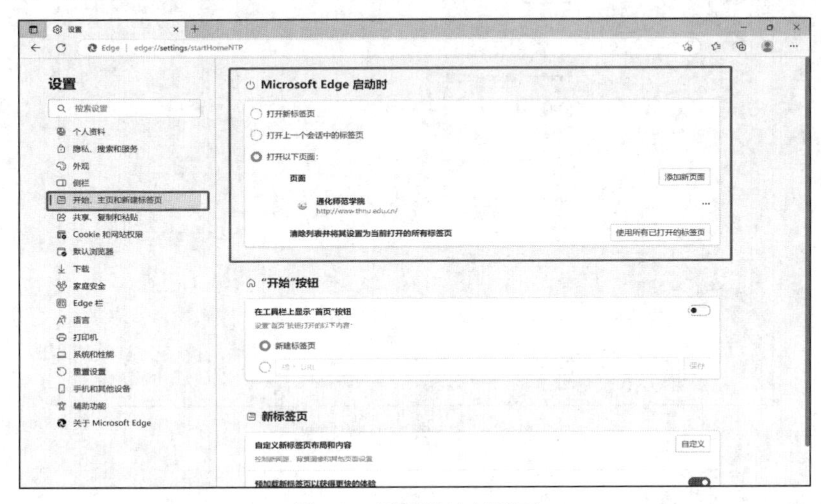

图 3-2　设置默认标签页

3. 防止跟踪及清除浏览数据

经常清理浏览器缓存信息可以提高浏览器的运行速度。选择“设置”窗口左侧列表中的“隐私、搜索和服务”命令，右侧主窗体显示“防止跟踪”“清除浏览数据”等设置选项，单击“选择要清除的内容”按钮，还可以有选择性地清除部分浏览数据，如图 3-3 和图 3-4 所示。

图 3-3　设置隐私、搜索和服务

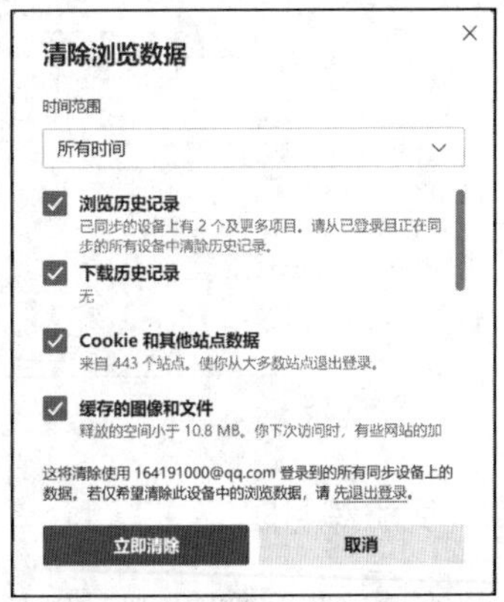

图 3-4　“清除浏览数据”选项

4. 设置默认浏览器

如果计算机安装了多个浏览器软件，就需要设置默认浏览器。在“设置”窗口的“默认浏览器”中，可以设置默认浏览器的相关选项，如图 3-5 所示。

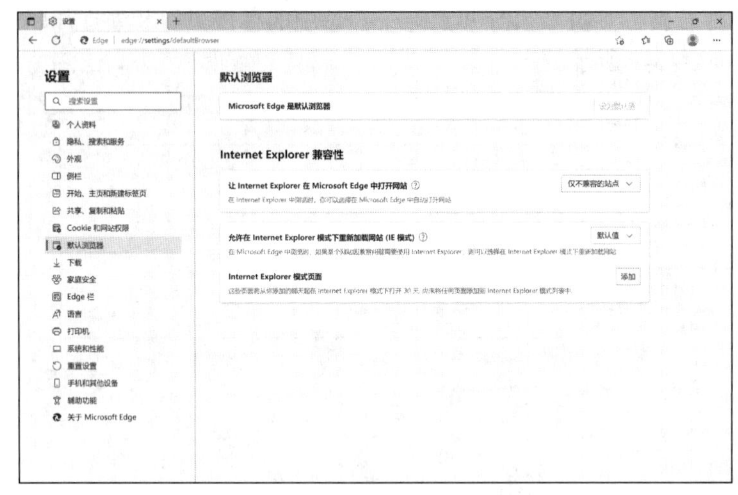

图 3-5　设置默认浏览器

5. 设置文件下载选项

选择“设置”窗口左侧列表中的“下载”命令，右侧主窗体显示“下载”选项，可以设置“位置”“下载开始时显示下载菜单”等功能，如图 3-6 所示。

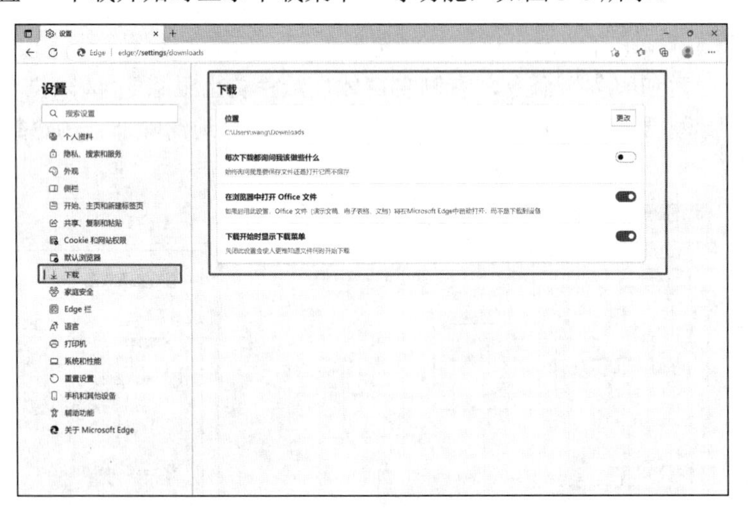

图 3-6　浏览器文件下载

四、实验练习题

练习浏览器的外观、侧栏、Edge 栏等功能设置，以便提供更加符合个人使用习惯的浏览器。

实验二　配置 IP 地址

一、实验任务

在计算机中，IPv4 地址通常有静态分配和动态分配两种形式。在日常工作和生活中，经常需要查看和设置 IP 地址，从而实现与 IP 地址相关的其他操作。

二、实验要求

在 Windows 10 操作系统中查看计算机 IP 地址（动态或者静态），并能设置计算机静态 IP 地址。

三、实验步骤

1. 查看计算机 IP 地址

选择“开始”→“Windows 系统”→“命令提示符”命令，在“命令提示符”窗口输入“ipconfig”，查看本机网络配置信息；或者输入“ipconfig/all”，查看完整的网络配置信息，如图 3-7 所示。

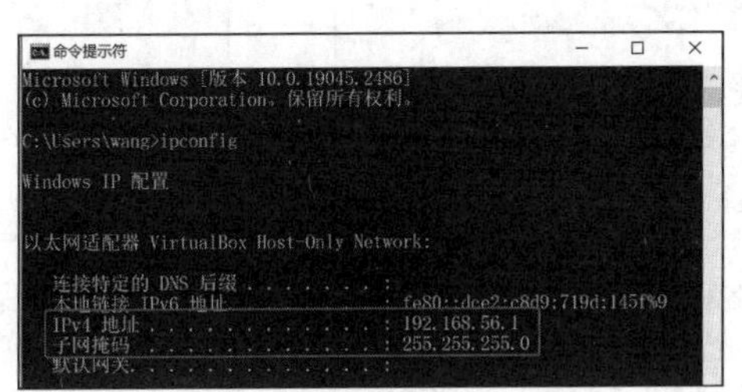

图 3-7　查看计算机网络配置信息

2. 设置计算机静态 IP 地址

单击“开始”→“设置”→“网络和 Internet”图标，如图 3-8 所示。

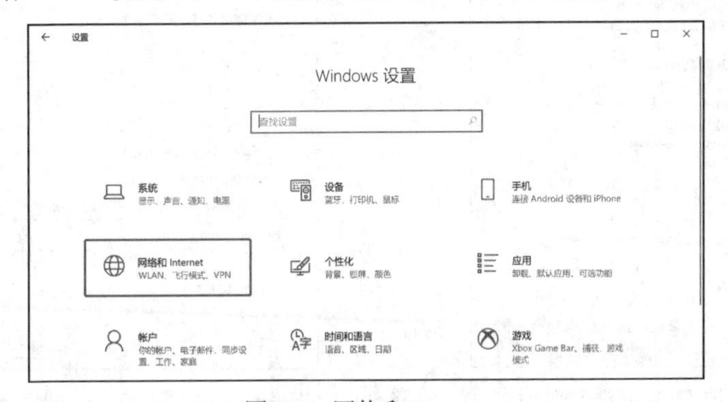

图 3-8　网络和 Internet

在打开的“设置”窗口中调整右侧滚动条的位置，显示“高级网络设置”，单击“更改适配器设置”超链接，如图 3-9 所示。此外，也可选择左侧“以太网”（有线网络）命令或者“WLAN”（无线网络）命令，分别设置有线网卡和无线网卡的配置选项。

在图 3-10 所示的“网络连接”窗口中，右击“本地连接”，在弹出的快捷菜单中选择“属性”命令，打开“本地连接 属性”对话框，如图 3-11 所示。在该对话框中选择“Internet 协议版本 4（TCP/IPv4）”复选框，单击“属性”按钮，打开“Internet 协议版本 4（TCP/IPv4）属性”对话框，如图 3-12 所示。根据网络实际情况，在该对话框中

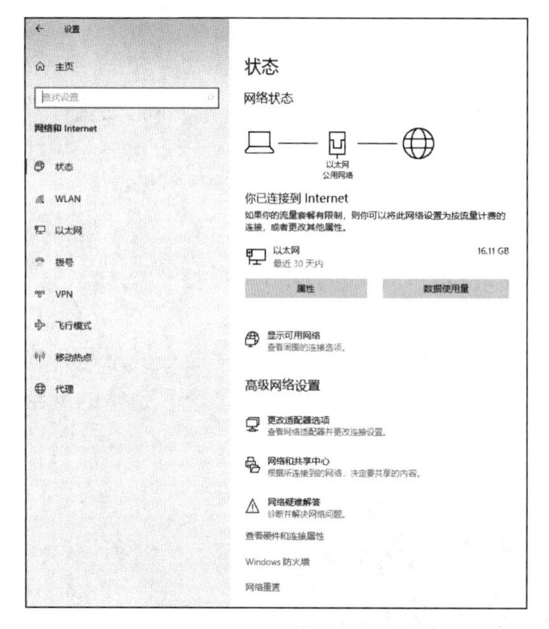

图 3-9 网络和共享中心

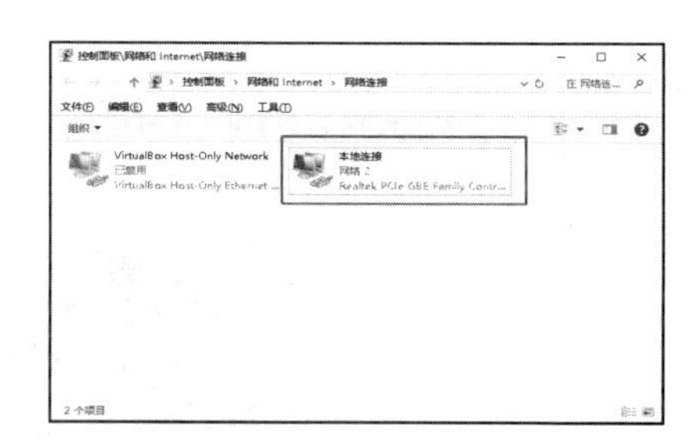

图 3-10 “网络连接”窗口

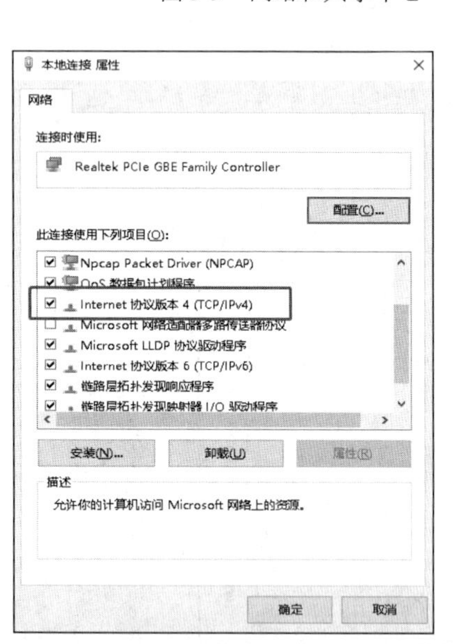

图 3-11 “本地连接 属性”对话框

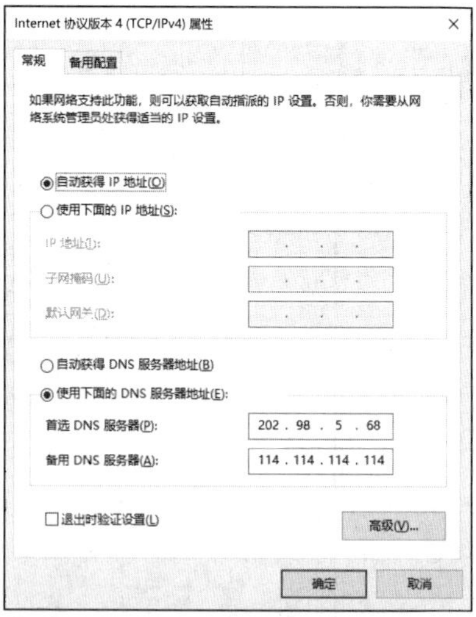

图 3-12 “Internet 协议版本 4（TCP/IPv4）属性”对话框

输入正确的 IP 地址、子网掩码、默认网关和 DNS 服务器 IP 地址。若网络内存在自动分配 IP 地址的设备（家用宽带路由器等）或者服务，则选择“自动获得 IP 地址”单选按钮即可。

四、实验练习题

请尝试修改计算机的 IP 地址、子网掩码、默认网关和 DNS 服务器 IP 地址，体会上述 IP 地址在计算机访问网络过程中所起的不同作用。

实验三　Windows 网络测试命令

一、实验任务

为了能在网络出现故障时初步判断故障原因，需要掌握 Windows 系统基本网络命令，用来测试网络连通性、网络数据包传输路径及网络运行状态等。

二、实验要求

（1）掌握 ping 命令，测试网络连通性。

（2）熟悉 tracert 命令，了解网络数据包的传输路径。

三、实验步骤

1. 网络测试命令（ping 命令）

ping 命令的主要作用是验证当前计算机与远程计算机的连通性。该命令向远程计算机发送特定的数据包，然后等待回应并接收返回的数据包，每个接收的数据包均根据传输的消息进行验证。

（1）打开“命令提示符”窗口，输入“ping/?”，按 Enter 键，可以查看 ping 命令的使用方法、支持的参数及参数的说明，如图 3-13 所示。

（2）打开“命令提示符”窗口，输入“ping -t www.baidu.com”，按 Enter 键，ping 命令用来测试当前计算机与服务器之间的连通性、丢包率、延迟时间等信息，用户可以初步了解网络的运行状态，如图 3-14 所示。

说明：默认情况下，传输 4 个包含 32 字节数据的回显数据包，“-t” 参数会一直运行，直至用户终止命令。

2. 路由跟踪命令（tracert 命令）

tracert 命令的主要作用是测量路由情况，即用来显示数据包到达目标主机所经过的路径。如果网络出现故障，就可以通过这条命令查看出现问题的位置。

（1）打开“命令提示符”窗口，输入“tracert/?”，按 Enter 键，可以查看 tracert 命令的使用方法、支持的参数及参数的说明，如图 3-15 所示。

（2）打开“命令提示符”窗口，输入“tracert 114.114.114.114”，按 Enter 键，tracert 命令用来测试当前计算机与服务器之间的数据传输路径，显示所经过的路由器 IP 地址，如图 3-16 所示。

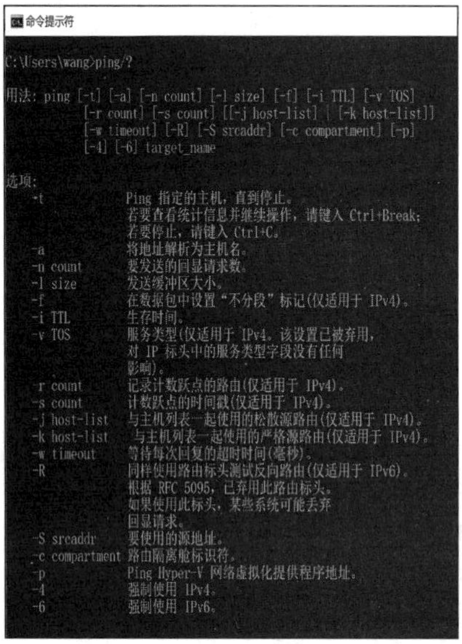

图 3-13 ping 命令的参数说明

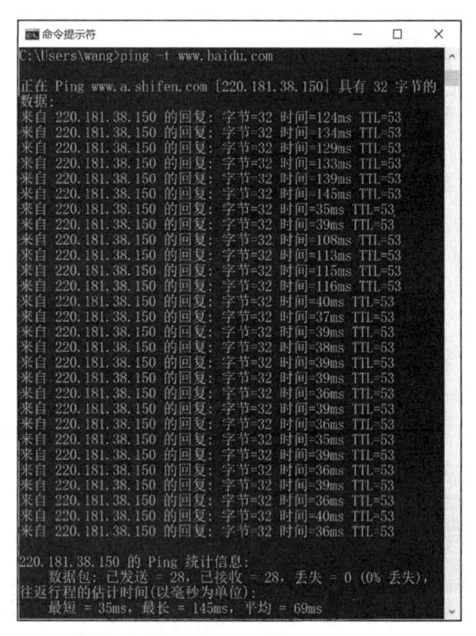

图 3-14 ping 命令使用举例

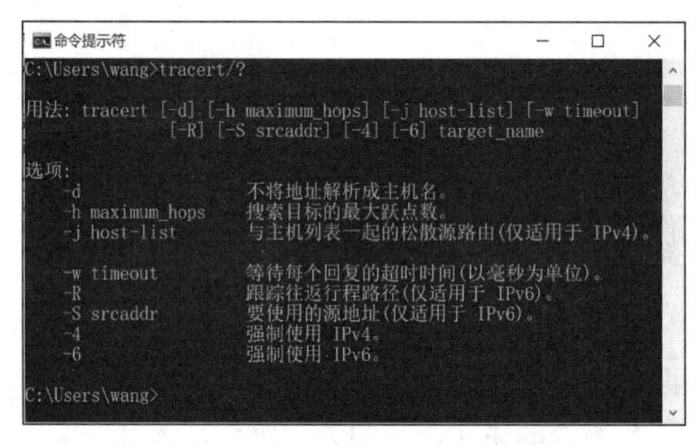

图 3-15 tracert 命令的参数说明

图 3-16 tracert 命令使用举例

说明：“114.114.114.114”是一个 DNS 服务器的 IP 地址。输入 tracert 命令后，可以输入 IP 地址或者域名，若出现数据包超时，则会显示“*”。

四、实验练习题

请自主学习 arp、route、netstat 等网络命令的使用方法，并了解其应用场景和具体功能。

实验四　局域网内 Windows 10 文件夹共享

一、实验任务

在日常工作和生活中，经常需要通过共享方式访问同一个局域网内其他计算机中的文件，从而实现文件共享，并进行文件的复制和粘贴等操作。

二、实验要求

在 Windows 10 操作系统中设置共享文件夹，允许同一个局域网内的所有计算机访问该文件夹。

三、实验步骤

1. 更改共享设置

（1）选择“开始”→“设置”命令，打开 Windows 设置窗口，如图 3-17 所示。单击“网络和 Internet”图标，打开网络和 Internet 窗口，如图 3-18 所示。此外，单击桌面右下角的“网络”图标，在弹出的快捷菜单中选择“打开网络和 Internet 设置”命令，也可以打开网络和 Internet 窗口。

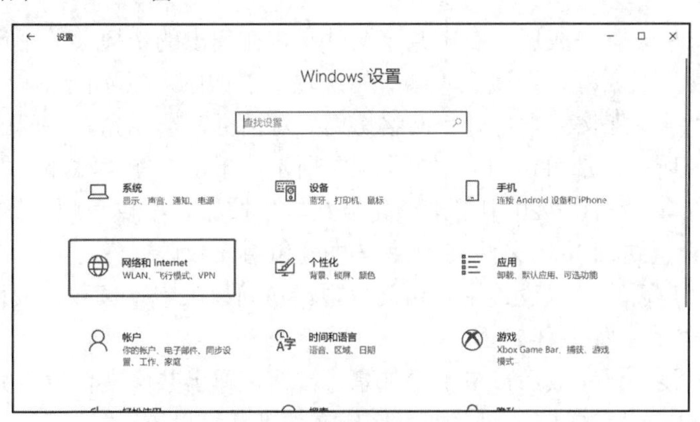

图 3-17　Windows 设置窗口

（2）选择“WLAN”（若为有线网络，则此处显示“以太网”）命令，下拉右侧主窗体滚动条至“相关设置”的位置，单击“更改高级共享设置”链接，打开“高级共享设置”窗口，如图 3-19 所示。选中“启用网络发现”和“启用文件和打印机共享”单选按钮，单击“保存更改”按钮。

图 3-18 网络和 Internet 窗口

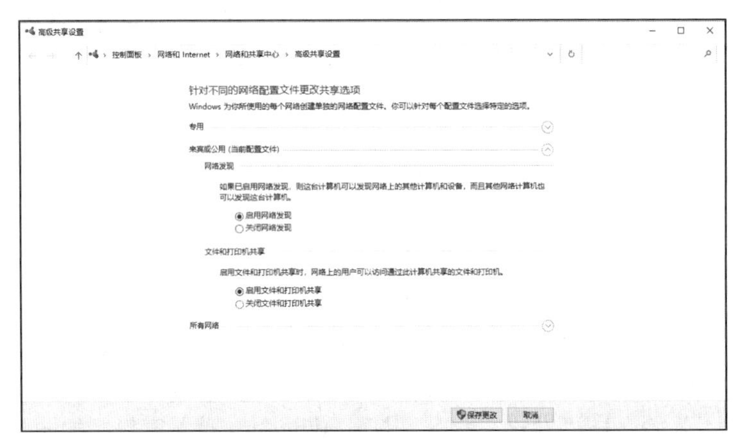

图 3-19 “高级共享设置”窗口

2. 设置共享文件夹

（1）网络共享设置完成后，右击共享文件夹，在弹出的快捷菜单中选择“属性”命令，打开“属性”对话框，切换至“共享”选项卡，如图 3-20 所示。

（2）单击“共享”按钮，打开“网络访问”对话框，选择允许访问的用户（示例选择 Everyone，即所有人都可访问），如图 3-21 所示。单击右侧“添加”按钮，即可实现文件夹的简单共享。在图 3-20 中单击“高级共享”按钮，不仅可以添加或删除共享文件夹，还可以设置访问共享文件夹的用户数量和用户权限。

（3）添加用户后，可以设置用户访问权限。访问权限包括读取、读取/写入、删除，默认权限为“读取”，如图 3-22 所示。

（4）用户权限设置完成后，单击“共享”按钮，弹出共享文件设置完成提示框，如图 3-23 所示。单击“完成”按钮，即可完成文件夹共享设置。

3. 访问共享文件夹

共享设置完成后，打开“此电脑”，单击导航窗格中的“网络”可以访问局域网内的计算机，也可以直接在地址栏中输入双斜线加计算机名（图 3-24）或者双斜线加 IP 地址（图 3-25）访问共享文件夹。选择“复制链接”命令，可以复制访问地址到剪贴板

（访问地址由“\\”+“计算机名称”或者“IP 地址”两部分组成）。若通过 IP 地址访问共享文件夹，则可在不知道 IP 地址的情况下通过“命令行”窗口输入“ipconfig”命令，查看计算机的 IP 地址（图 3-26）。

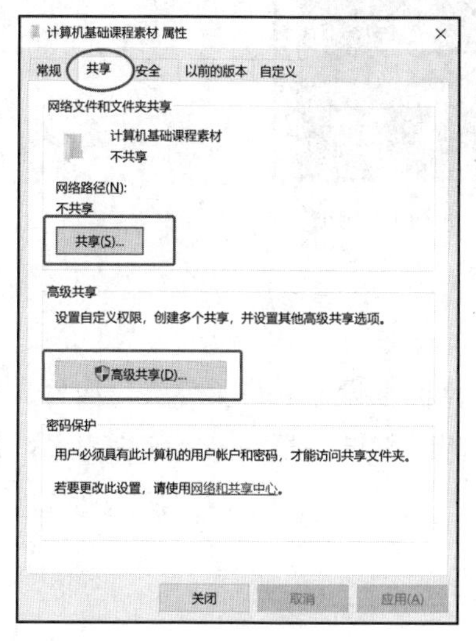

图 3-20　“共享”选项卡

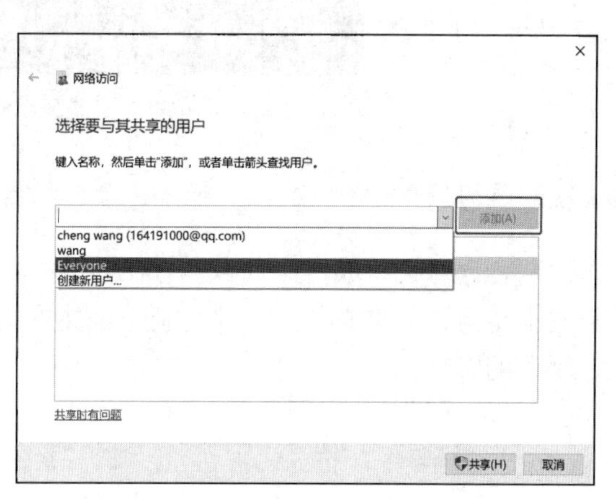

图 3-21　共享文件夹用户设置

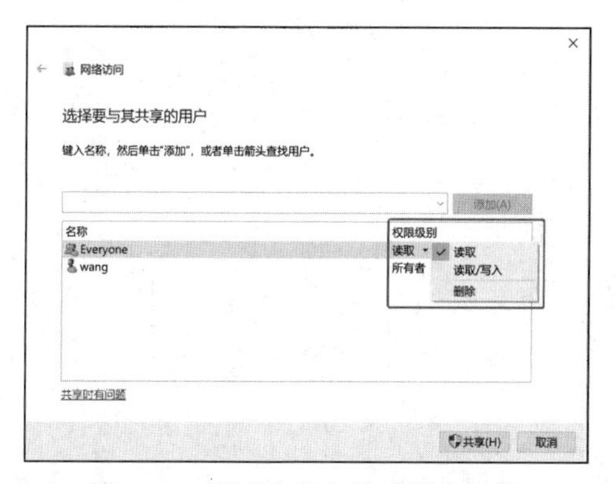

图 3-22　设置共享文件夹用户权限

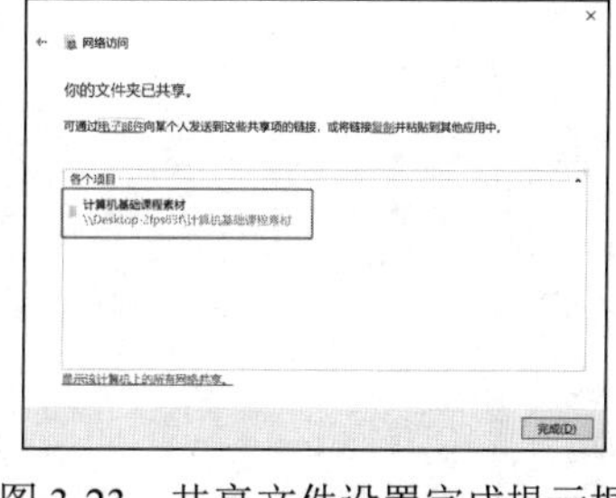

图 3-23　共享文件设置完成提示框

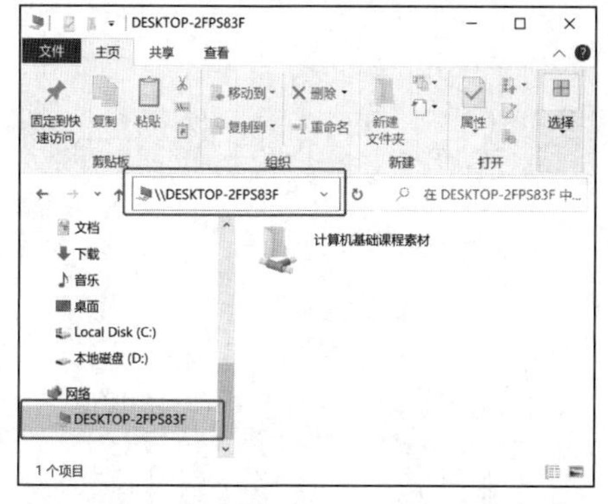

图 3-24　通过计算机名访问共享文件夹

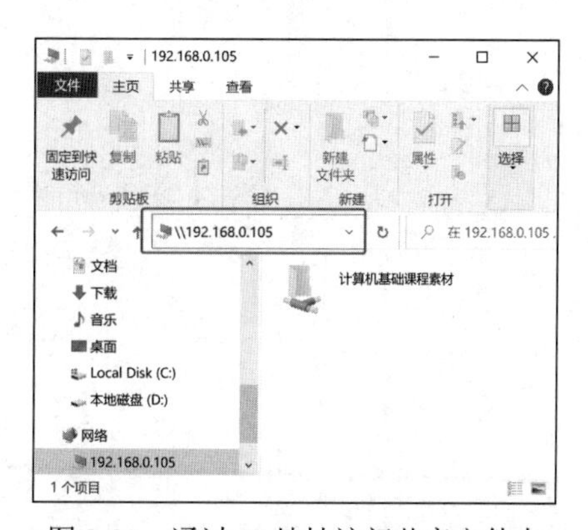

图 3-25　通过 IP 地址访问共享文件夹

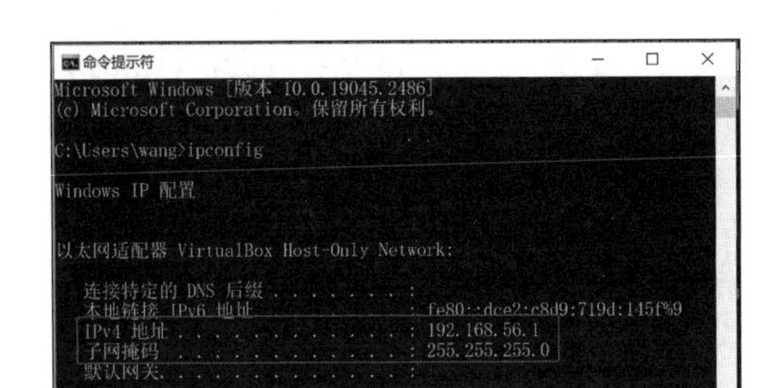

图 3-26 获取共享文件夹所在计算机的 IP 地址

四、实验练习题

由两台计算机组成一个局域网，在其中的一台计算机上设置共享文件夹，从另一台计算机上访问该共享文件夹，并复制一个文本文件，同时测试共享权限对文件更名、删除、写入的影响。

第4章

程序设计与算法

实验一　时间复杂度的衡量

一、实验任务

根据已知的算法设计，衡量该算法的时间复杂度。

二、实验要求

衡量以下算法的时间复杂度，程序代码如下：

```
int f1(int n)
{  int i,j,s=1;
   for(i=1;i<=n;i++)
    for(j=1;j<=n;j++)
     s=s+i+j;
   return s;
}
```

三、实验步骤

（1）通常算法的时间复杂度是以算法原操作重复执行的次数进行衡量的，重复执行的次数依据算法的最大语句频度进行估算。

（2）若给出的算法中双重 for 循环语句的执行次数是该算法的最大语句频度，则最大重复次数与 n^2 成正比。

（3）可以得出该算法的时间复杂度为 $T(n)=O(n^2)$。

四、实验练习题

衡量以下算法的时间复杂度。

（1）
```
for(i=1000;i>=0;i--)
    p++;
```

（2）
```
int i=1,n,s=1;
   while(i<=n)
      s=s*2;
```

实验二　数据结构的形式

一、实验任务

根据数据结构的二元组表示形式，分析并构建数据之间的逻辑结构。

二、实验要求

假设有一个二元组数据结构（D,R），其中，D={x_1,x_2,x_3,x_4,x_5}，R={r}，r={（x_1,x_2），（x_2,x_3），（x_3,x_4），（x_4,x_5）}，请画出其逻辑结构图。

三、实验步骤

（1）数据结构是一个二元组（D,R），其中，D 是数据元素的有限集合，包括 5 个元素，分别是 x_1、x_2、x_3、x_4、x_5。

（2）R 是 D 上数据元素间关系的有限集合，包括 5 个对应关系。

（3）可以看出该数据结构中数据元素之间呈线性关系，如图 4-1 所示。

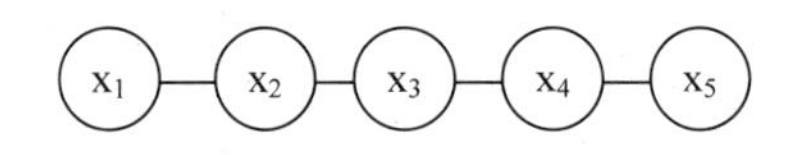

图 4-1　线性关系图

四、实验练习题

假设有一个二元组数据结构（K,R），其中，K={k_1,k_2,k_3,k_4,k_5,k_6}，R={r}，r={（k_1,k_2），（k_1,k_3），（k_2,k_4），（k_2,k_5），（k_3,k_6）}，请画出其逻辑结构图。

实验三　顺序表的操作

一、实验任务

将“学生基本信息表 A”和“学生基本信息表 B”合并成一个顺序表，并保存在学生基本信息表 A 中。

二、实验要求

（1）设计将两个顺序表合并的算法。

（2）衡量算法的时间复杂度。

三、实验步骤

（1）思路分析。依次扫描 B 中的每个元素，若该元素在 A 中不存在，则将其插入 A 的末尾，这里的插入操作不需要移动顺序表 A 中的元素。

（2）数据输入。两个顺序表 A 与 B。

（3）算法设计。程序代码如下：

```
void Union(Student &A,Student &B)        //两个学生基本信息表 A 与 B
  { int m=B.Length();                    //获得 B 的长度
    ElemType e;
    for(int i=0;i<m;i++) {
      B.GetElem(i,&e);
      int k=A.LocateElem(e);             //在 A 中搜索它
      if(k==-1) A.ListInsert(A.length()+1,e);
                                         //若未找到，则在 A 的末尾插入该元素
     }
  }
```

（4）数据输出。合并后的顺序表 A。

（5）时间复杂度。该算法的时间复杂度取决于基本操作 GetElem()和 LocateElem()的执行时间。若执行时间与表长成正比，则该算法的时间复杂度为 O（A.length()*B.length()）。

四、实验练习题

取“学生基本信息表 A”和“学生基本信息表 B”的交集，并将结果保存在 A 中。

实验四　单链表的操作

一、实验任务

将递增有序的单链表 LB 合并到当前递增有序的单链表 LA 中，并保证合并后的当前单链表 LA 仍递增有序。

二、实验要求

（1）设计将两个有序单链表合并的算法。

（2）衡量算法的时间复杂度。

三、实验步骤

（1）思路分析。将 LA 和 LB 中的元素进行比较，选择元素并按照从小到大的顺序依次插入当前单链表 LA 中。在当前单链表 LA 的元素遍历完成后，将单链表 LB 的剩余元素直接插入即可；在单链表 LB 的元素遍历完成后，合并结束。

（2）数据输入。两个单链表 A 与 B。

（3）算法设计。程序代码如下：

```
void merge(LinkList LA,LinkList LB)          //两个单链表 A 与 B
  { ListNode *p, *q, *r, *s;                  //指向单链表结点的指针变量
    p=LA.head; r=p->next; q=LB.head->next; s=q->next;
```

```
    while(r&&q) {                              //通过比较选择插入元素
      if(r->data<=q->data) {p=r;r=r->next;}
      else {q->next=p->next; p->next=q; p=q; q=s; s=s->next;}
    }
    if(r==NULL) p->next=q;                     //将比较后的剩余元素插入
  }
```

（4）数据输出。合并后递增有序的单链表 A。

（5）时间复杂度。该算法的时间复杂度取决于依次比较两个单链表的元素。若选择先插入符合条件的元素，再插入剩余元素，则该算法的时间复杂度为 O(A.length()+B.length())。

四、实验练习题

单链表的逆置，即实现将单链表的线性表（$a_1, a_2, \cdots, a_n$）就地逆置的操作，生成（$a_n, a_{n-1}, \cdots, a_1$）。

实验五　遍历二叉树

一、实验任务

将给出的一棵二叉树（图 4-2），进行前序遍历、中序遍历和后序遍历。

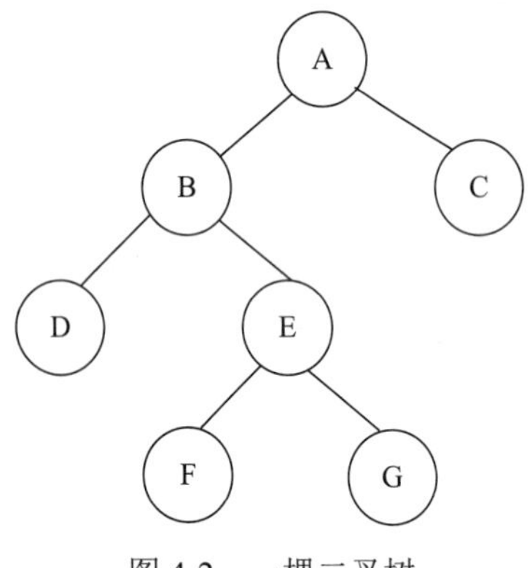

图 4-2　一棵二叉树

二、实验要求

（1）根据前序遍历原则生成二叉树的前序遍历序列。

（2）根据中序遍历原则生成二叉树的中序遍历序列。

（3）根据后序遍历原则生成二叉树的后序遍历序列。

三、实验步骤

（1）前序遍历。先访问根结点，再以前序遍历原则遍历根结点的左子树，最后以前序遍历原则遍历根结点的右子树。可以得出前序遍历序列为 ABDEFGC。

（2）中序遍历。先以中序遍历原则遍历根结点的左子树，再访问根结点，最后以中序遍历原则遍历根结点的右子树。可以得出中序遍历序列为 DBFEGAC。

（3）后序遍历。先以后序遍历原则遍历根结点的左子树，再以后序遍历原则遍历根结点的右子树，最后访问根结点。可以得出后序遍历序列为 DFGEBCA。

四、实验练习题

已知一棵二叉树的前序遍历序列为 ABDECF，中序遍历序列为 DBEAFC，请构造出该二叉树的形态并生成后序遍历序列。

实验六　哈夫曼树及编码

一、实验任务

假设用于通信的电文仅由 8 个字母组成，并且这 8 个字母在电文中出现的频率分别为 0.07、0.19、0.02、0.06、0.32、0.21、0.10、0.03，试为其设计哈夫曼编码。

二、实验要求

（1）确定各个字母的权值。
（2）构造由各个字母生成的哈夫曼树。
（3）根据生成的哈夫曼树设计对应的哈夫曼编码。

三、实验步骤

（1）确定权值。假设这 8 个字母分别为 A、B、C、D、E、F、G、H，它们在电文中出现的频率即为所对应的权值。为了方便处理，可将权值变为整数。当将 8 个字母的频率同时扩大 100 倍时，这 8 个字母的权值集合为 {7,19,2,6,32,21,10,3}。

（2）构造哈夫曼树。在权值集合中选取两个最小的权值，分别将其作为左子树和右子树构造一棵新二叉树，并且这棵新二叉树根结点的权值为其左子树和右子树根结点的权值之和（通常左子树的权值小于右子树的权值）。再从权值集合中删去这两个权值，加入新的权值。重复该操作，直到都连接在一棵二叉树上。构造哈夫曼树的过程如图 4-3 所示。

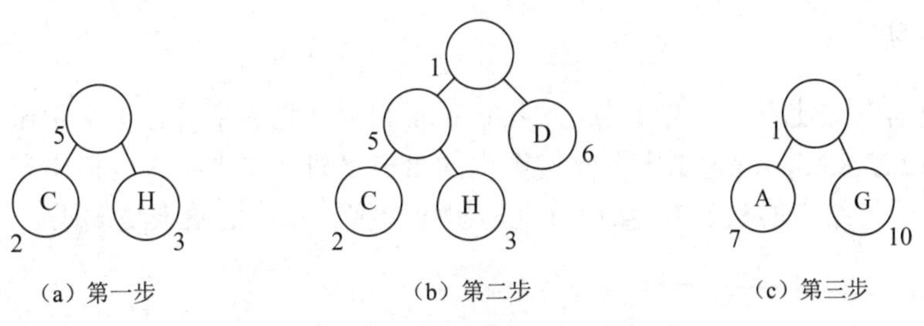

（a）第一步　（b）第二步　（c）第三步

图 4-3　构造哈夫曼树的过程

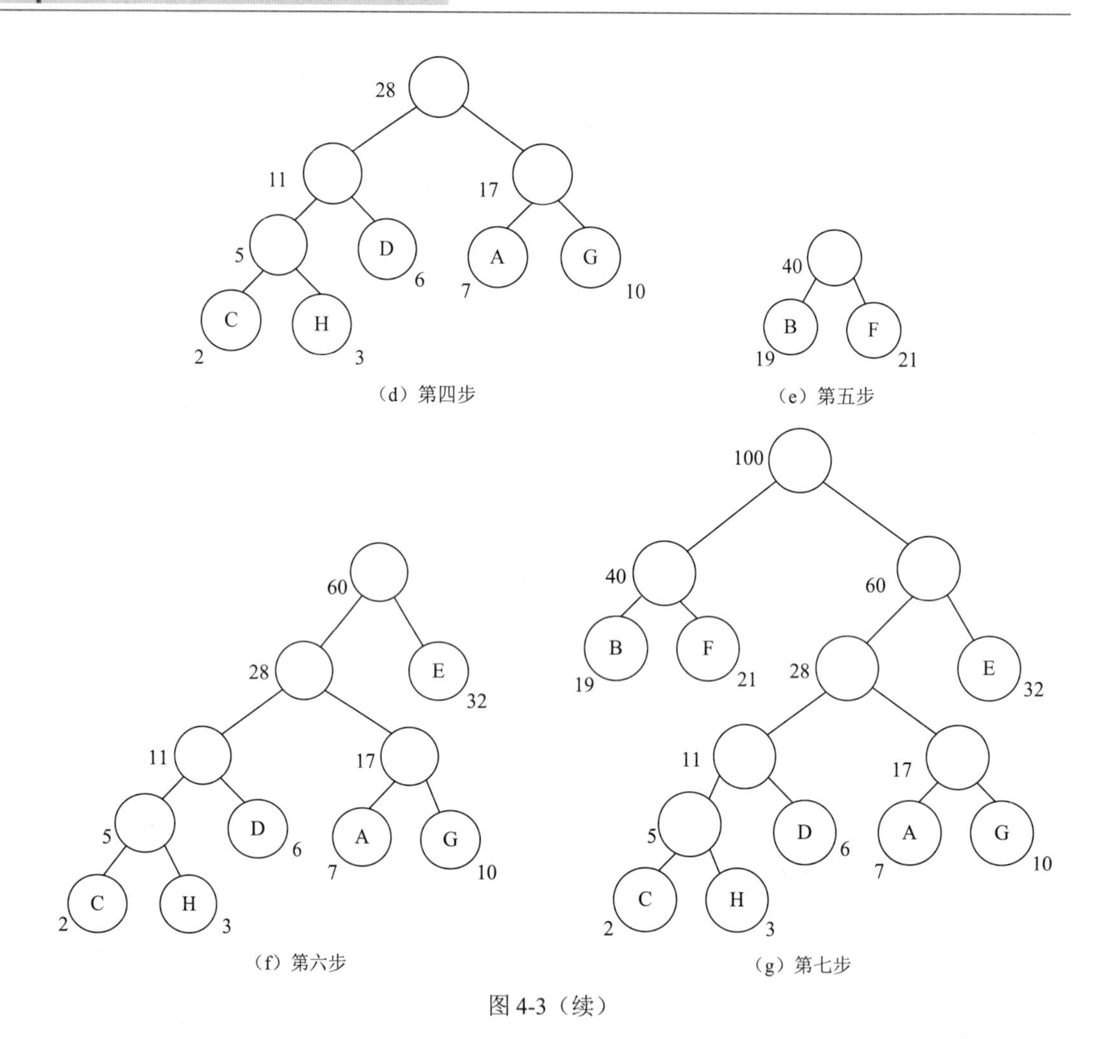

（d）第四步

（e）第五步

（f）第六步

（g）第七步

图 4-3（续）

（3）设计哈夫曼编码。根据哈夫曼树，规定左分支标为“0”，右分支标为“1”，从而得到这 8 个字符的编码如下：

A：1010　　B：00

C：10000　　D：1001

E：11　　F：01

G：1011　　H：10001

四、实验练习题

假设通信电文使用的字符集为 {a, b, c, d, e, f}，并且各字符在电文中出现的频度分别为 34,5,12,23,8,15。请先画出据此构造出的哈夫曼树（要求哈夫曼树中左子树结点的权值小于右子树结点的权值），然后分别写出每个字符对应的哈夫曼编码。

实验七　插 入 排 序

一、实验任务

利用插入排序方法，将无序的关键字序列 {16, 35, 8, 28, 8*, 12} 进行升序排序。

二、实验要求

（1）利用直接插入排序和希尔排序的思路写出每一趟排序过程。
（2）设计直接插入排序算法和希尔排序算法。
（3）分析直接插入排序算法和希尔排序算法的稳定性及时间复杂度。

三、实验步骤

1. 排序过程

（1）直接插入排序。先将第一个记录形成只有一个元素的有序表，从第二个记录开始依次作为待插记录直到最后一个元素。当第 i 个待插记录准备插入时，前（i−1）个记录已按关键字有序的记录构成一个部分有序的序列，然后进行一趟直接插入排序，在整个排序过程中共需要进行（n−1）趟方可完成。直接插入排序过程如图 4-4 所示。

初始状态：{16}　35　8　28　8*　12
第 1 趟：{16　35}　8　28　8*　12
第 2 趟：{8　16　35}　28　8*　12
第 3 趟：{8　16　28　35}　8*　12
第 4 趟：{8　8*　16　28　35}　12
第 5 趟：{8　8*　12　16　28　35}

图 4-4　直接插入排序过程

（2）希尔排序。给出一个增量序列 $\{d_0, d_1, \cdots, d_{n-1}\}$，其中，$d_0$ 为待排序列升序的一半，$d_{n-1}=1$；分别按照每个增量 $d_i(i=0,\cdots, n-1)$对待排序列进行分割，每次分割成若干子序列，对每个子序列进行间隔为 $d_i(i=0,\cdots, n-1)$的直接插入排序，待到整个待排序列基本有序时，再对整个序列进行一趟直接插入排序（增量为 1）即可。希尔排序过程如图 4-5 所示。

第 1 趟：当 $d_0=3$ 时，待排序列分为 3 组，即 16　8*　8　28　35　12
第 2 趟：当 $d_1=1$ 时，待排序列分为 1 组，即 8*　8　12　16　28　35

图 4-5　希尔排序过程

2. 算法设计

（1）直接插入排序算法。程序代码如下：

```
    void  InsertS( Type  a[ ],int n)
```

```
    { int i,j;
      for(i=2; i<=n; i++)
      { a[0]=a[i];
        j=i-1;
        while (a[0].key < a[j].key) {a[j+1]=a[j];j--;}
        a[j+1]=a[0];}
      }
```

（2）希尔排序算法。程序代码如下：

```
void  SLInsert ( Type  a[],int s,int n)
 {  for(k=s+1; k<=n; ++k)
    if(a[k].key< a[k-s].key)
          { a[0]=a[k];
            for(i=k-s; i>0&&(a[0].key < a[i].key); i-=s)
            a[i+s]=a[i];
            a[i+s]=a[0];
          }
}// SLInsert
void   SLTaxis(Type  a[], int step[],int m)
{   for(k=0; k<m; ++k)
    SLInsert (a[],step[l], n);
}
```

3. 稳定性

通过两种算法的排序过程可以看出，相同的关键字在整个直接插入排序过程中相对位置没有发生变化，较为稳定；但其在整个希尔排序过程中相对位置发生了变化，存在不稳定性。因此，直接插入排序是一种稳定的排序算法，该算法的时间复杂度为 $O(n^2)$；希尔排序是一种不稳定的排序算法，该算法的时间复杂度为 $O(n\log_2 n)$。

四、实验练习题

分别对关键字序列｛22, 81, 19, 39, 13, 25, 68, 38｝进行直接插入排序和希尔排序，并写出两种排序算法的排序过程。

实验八 交 换 排 序

一、实验任务

利用交换排序方法，将无序的关键字序列｛16, 35, 8, 28, 8*, 12｝进行升序排序。

二、实验要求

（1）利用冒泡排序和快速排序的思路写出每一趟排序过程。
（2）设计冒泡排序算法和快速排序算法。

（3）分析冒泡排序算法和快速排序算法的稳定性及时间复杂度。

三、实验步骤

1. 排序过程

（1）冒泡排序。将相邻两个记录的关键字进行比较，若出现逆序，则将两个记录进行交换，否则不交换；方法同上，直到将第（n−1）个记录的关键字与第 n 个记录的关键字进行比较，其结果是将关键字最大的记录推到最后的位置，第一趟排序结束。依此类推，第 i 趟冒泡排序是对序列中的前（n−i+1）个元素从第一个元素开始比较相邻两个元素的大小。直到（n−1）趟结束，待排序列变为有序序列。冒泡排序过程如图 4-6 所示。

初始状态：16　35　8　28　8*　12

第 1 趟：16　8　28　8*　12　{35}

第 2 趟：8　16　8*　12　{28　35}

第 3 趟：8　8*　12　{16　28　35}

第 4 趟：8　8*　{12　16　28　35}

第 5 趟：8　{8*　12　16　28　35}

图 4-6　冒泡排序过程

（2）快速排序。首先以某个记录为支点（枢轴）将待排序列分成两组，其中一组所有记录的关键字大于或等于它，另一组所有记录的关键字小于它。将待排序列按照关键字以支点记录分成两部分的过程，称为“一趟快速排序”。对各组不断地进行快速排序，直到整个序列按照关键字有序排列。快速排序过程如图 4-7 所示。

第 1 趟：{12　8*　8}　16　{28　35}

第 2 趟：{8　8*}　12　16　28　{35}

第 3 趟：8　{8*}　12　16　28　35

第 4 趟：8　8*　12　16　28　35

图 4-7　快速排序过程

2. 算法设计

（1）冒泡排序算法。程序代码如下：

```
void  Bubble(Type  a[],int n)
  { int  i,j;
     for(i=n ;i>=2; i--)
    {
     for(j=1;j<=i-1;j++)
       if(a[j]>a[j+1])
       {t=a[j];a[j]=a[j+1];a[j+1]=t;}
    }
  }
```

（2）快速排序算法。程序代码如下：

```
int Par(Type a[ ],int low, int high)          //一趟排序
{ a[0]=a[low];
  p=a[low].key;
  while(low<high)
  {  while(low<high&&a[high].key>=p)high- -;
       a[low]=a[high];
       while(low<high&&a[low].key<=p)low++;
       a[high]=a[low];
  }
     a[low]=a[0];
     return low;
 }
 void QsortPar(Type a[],int low,int high)    //其他趟排序
 { if(low<high)
      {p=Par(a,low,high)
       QsortPpar(a,low,p-1);
       QsortPar(a,p+1,high);}
 }
 void QuickSort(Type a[],int n)           //整个排序
 {  QsortPar(a,1,n);
 }
```

3. 稳定性

通过两种算法的排序过程可以看出，相同的关键字在整个冒泡排序过程中相对位置没有发生变化，较为稳定；但其在整个快速排序过程中相对位置发生了变化，存在不稳定性。因此，冒泡排序是一种稳定的排序算法，该算法的时间复杂度为 $O(n^2)$；快速排序是一种不稳定的排序算法，该算法的时间复杂度为 $O(n\log_2 n)$。

四、实验练习题

分别对关键字序列｛22, 81, 19, 39, 13, 25, 68, 38｝进行冒泡排序和快速排序，并写出这两种排序算法的每一趟排序过程。

实验九　选 择 排 序

一、实验任务

利用选择排序方法，将无序的关键字序列｛16, 35, 8, 28, 8*, 12｝进行升序排序。

二、实验要求

（1）利用简单选择排序和堆排序的思路写出每一趟排序过程。

（2）设计简单选择排序算法和堆排序算法。

（3）分析简单选择排序算法和堆排序算法的稳定性及时间复杂度。

三、实验步骤

1. 排序过程

（1）简单选择排序。第 1 趟，从 n 个记录中选出关键字最小的记录，将其与第 1 个记录交换；第 2 趟，从第 2 个记录开始的（n−1）个记录中再选出关键字最小的记录，将其与第 2 个记录交换；第 i 趟，从第 i 个记录开始的（n−i+1）个记录中再选出关键字最小的记录，将其与第 i 个记录交换；依此类推，直至整个序列按照关键字有序。简单选择排序过程如图 4-8 所示。

初始状态：16　35　8　28　8*　12

第 1 趟：{8}　35　16　28　8*　12

第 2 趟：{8　8*}　16　28　35　12

第 3 趟：{8　8*　12}　28　35　16

第 4 趟：{8　8*　12　16}　35　28

第 5 趟：{8　8*　12　16　28}　35

图 4-8　简单选择排序过程

（2）堆排序。首先将 n 个记录的初始序列按照关键字建成堆，然后将堆的第 1 个记录与堆的最后一个记录交换位置（“去掉”最大值或最小值元素），在输出堆顶后，将“去掉”最大值或最小值记录后剩下的记录组成子序列，并重新转换为一个新堆。重复上述过程（n−1）次。堆排序过程如图 4-9 所示。

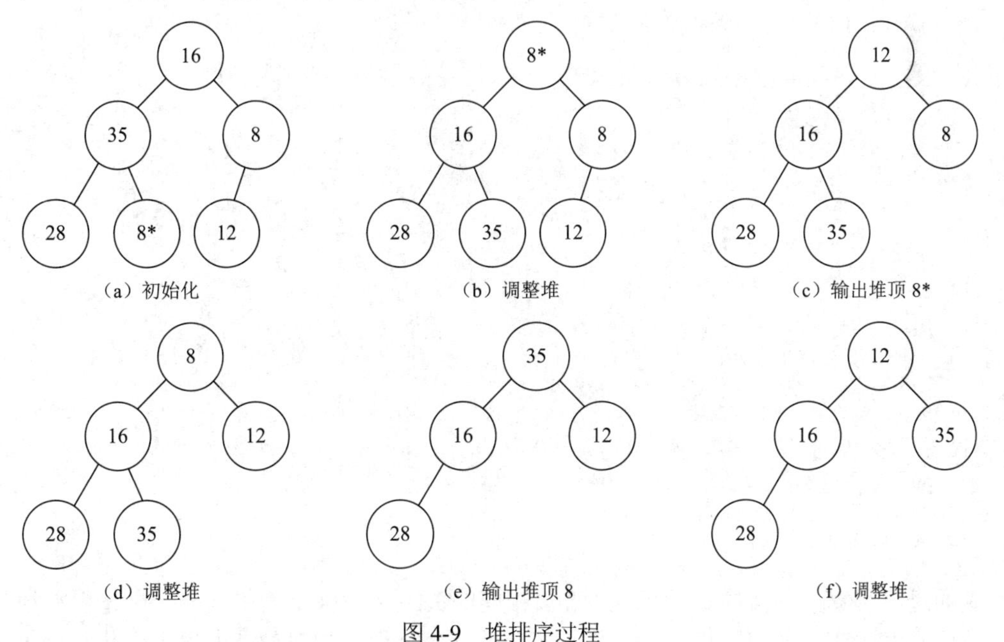

图 4-9　堆排序过程

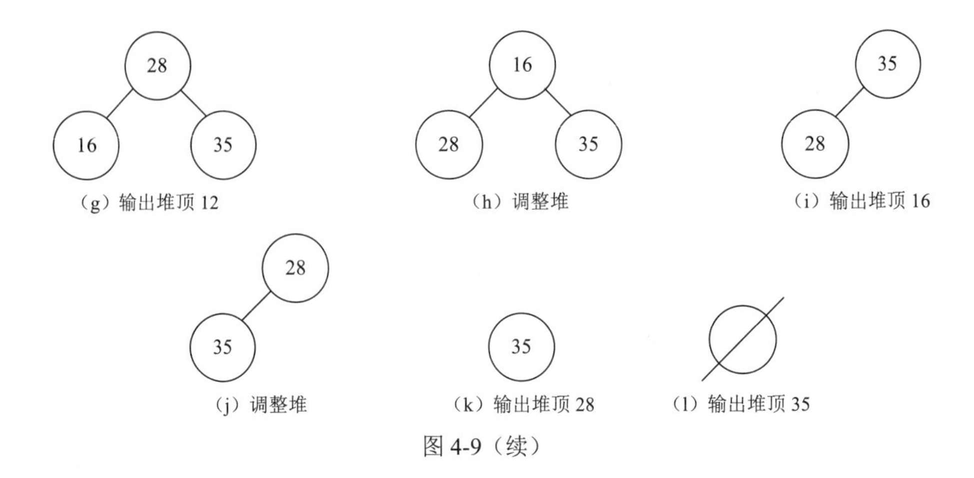

图 4-9（续）

2. 算法设计

（1）简单选择排序算法。程序代码如下：

```
void  Select(Type a[],int n)
{
    for(i=1;i<n;i++)
    {  t=i;
       for(j=i+1;j<=n;j++)
       if(a[t].key>a[j].key) t=j;
       if(t!=j)  a[t]<->a[i];
    }
}
```

（2）堆排序算法。程序代码如下：

```
void HeapRiddling(Type a[],int m1,int m2)          //建堆
{ r=a[m1];
  for(k=2*m1;k<=m2;k=k*2)
    { if(k<m2&&a[k].key<a[k+1].key)  k=k+1;
      if(r.key>a[k].key)break;
      a[m1]=a[k];m1=k;
      a[m1]=r;
    }
}
void Heaps(Type a[],int n)                          //调整
{ for(i=n/2;i>0;i--)     HeapRiddling(a,i,n);
  for(i=n;i>1;i--)  {a[1]<- ->a[i]; HeapRiddling(a,1,i-1);}
}
```

3. 稳定性

通过两种算法的排序过程可以看出，相同的关键字在整个简单选择排序过程中相对位置没有发生变化，较为稳定；但其在整个堆排序过程中相对位置发生了变化，存在不

稳定性。因此，简单选择排序是一种稳定的排序算法，该算法的时间复杂度为 $O(n^2)$；堆排序是一种不稳定的排序算法，该算法的时间复杂度为 $O(n\log_2 n)$。

四、实验练习题

分别对关键字序列{22, 81, 19, 39, 13, 25, 68, 38}进行简单选择排序和堆排序，并写出这两种排序算法的每一趟排序过程。

第5章

文字处理软件 Word 2016

实验一　基 本 操 作

一、实验任务

某高校要举办一次办公软件应用技能比赛，参赛人员均为在校本科生或专科生，比赛内容是利用文字处理软件设计一个作品，作品要求主题鲜明，色彩搭配恰当，能够充分利用 Word 软件功能达到预期效果。作品效果参考图如图 5-1 所示。

我爱我的祖国

我爱我的祖国，因为她有五千年光辉且不朽的悠久历史；我爱我的祖国，因为她那博大精深蕴藏无穷力量的文化宝藏；我爱我的祖国，因为她文明进步，在这片一望无际的黄土地上孕育了千千万万生生不息的华夏儿女。

我的祖国经历了上下五千年的沉淀，战火的洗礼，文化的改革，造就了现在富强和平的中国。我为我是一个中国人而骄傲！中国的历史上不断有人谱写着一个个看似不可能的传奇。抗战年代革命前辈们用生命换来了和平，谱写了传奇；和平年代，公安干警为了人民群众的利益与安全奋不顾身，令我们敬佩。中国的工程师更是了不起，为了祖国的繁荣与富强，建造了一个个世界之最。

我热爱我的祖国，我为我是中国人而自豪。我的理想是成为人民的公仆，为祖国和人民无私奉献。我的偶像是雷锋，我敬佩他，同时也想成为像他这样的人。我努力学习、实现理想、报效祖国，为党和人民服务，为祖国做出贡献。我深知，在这和平年代，知识才是最有用的。我要努力学习，等到学业有成之时，能为祖国做出贡献，就像那些为祖国建设发展做贡献的工程师一样，尽自己的微薄之力。分节符(连续)

老师常说我们是祖国的花朵，是共产主义的接班人。青年是祖国的未来。正所谓，少年强，则国强；少年富，则国富；少年志，则国志。读好书，是报效祖国最好的办法。我庆幸我生长在一个和平的年代；祖国的强大和繁荣昌盛给了我们无限的安全感！我热我的祖国——中国！

图 5-1　作品效果参考图

二、实验要求

打开素材“我爱我的祖国.docx”文档，完成以下操作。

（1）设置页面的宽度为 20 厘米，高度为 29 厘米。设置页边距：上边距为 3.6 厘米，下边距为 3.6 厘米，左、右边距各为 3 厘米。

（2）在第一段之前插入一段，输入内容“我爱我的祖国”，将字体设置为“微软雅黑”，字形设置为“加粗”“倾斜”，字号设置为“三号”，对齐方式设置为“居中”。

（3）将除标题外的所有正文内容的字体设置为“楷体”，字号设置为“四号”。

（4）设置正文内容首行缩进“2 字符”，段前、段后间距各为“0.5 行”，行距为固定值“22 磅”。

（5）设置正文第一段首字下沉“2 行”，字体为“隶书”，距离正文“0 厘米”。

（6）将正文第四段文本添加蓝色双下划线，并使字符间距加宽 2 磅，缩放值为 150%。

（7）将第三段“我热爱我的祖国……”设置分栏，栏数为“两栏”。

（8）为第三段“雷锋”添加尾注，尾注内容为“为人民服务”。

（9）在文档中任意位置插入图 5-1 中的“我的祖国.jpg”图片，设置该图片的宽度为 6 厘米，高度为 4 厘米，环绕方式为“四周型”。

（10）对整篇文档设置“艺术型”边框（图 5-1），应用范围默认为“整篇文档”。

三、实验步骤

（1）启动 Word 2016 应用程序，打开“我爱我的祖国.docx”文档。

（2）单击“布局”→“页面设置”右下角对话框启动器按钮，打开“页面设置”对话框，如图 5-2 所示。

在“页边距”选项卡中，设置上、下页边距均为 3.6 厘米，左、右页边距均为 3 厘米。切换到“纸张”选项卡，如图 5-3 所示，在“纸张大小”栏中，设置纸张的宽度为 20 厘米，高度为 29 厘米，然后单击“确定”按钮。

（3）将插入点定位到第一段的段首位置，输入文字“我爱我的祖国”，然后按 Enter 键。

（4）选中文本“我爱我的祖国”，单击“开始”→“字体”选项组右下角对话框启动器按钮，打开“字体”对话框，如图 5-4 所示。

在“字体”选项卡“中文字体”下拉列表中选择“微软雅黑”，在“字形”下拉列表中选择“加粗倾斜”效果，在“字号”下拉列表中选择“三号”，单击“确定”按钮。单击“开始”→“段落”→“居中”按钮。

（5）选中除标题外的所有文本，单击“开始”→“字体”→“字体”下三角按钮，在打开的列表中选择“楷体”；单击“字号”下三角按钮，在打开的下拉列表中选择“小四号”。

（6）选中除标题外的所有文本，单击“开始”→“段落”选项组右下角对话框启动器按钮，打开“段落”对话框，如图 5-5 所示。

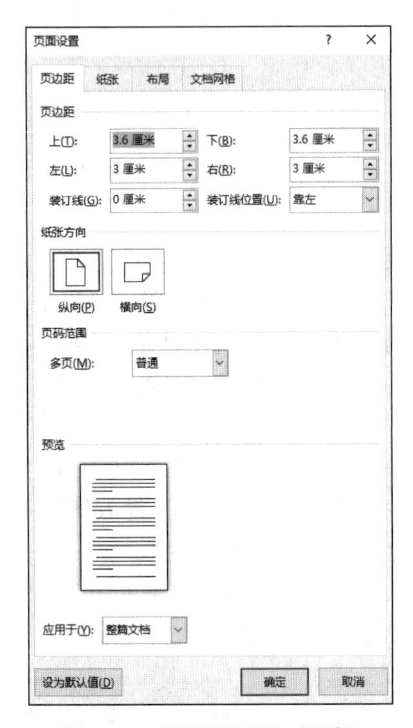

图 5-2 “页面设置”对话框
—“页边距”选项卡

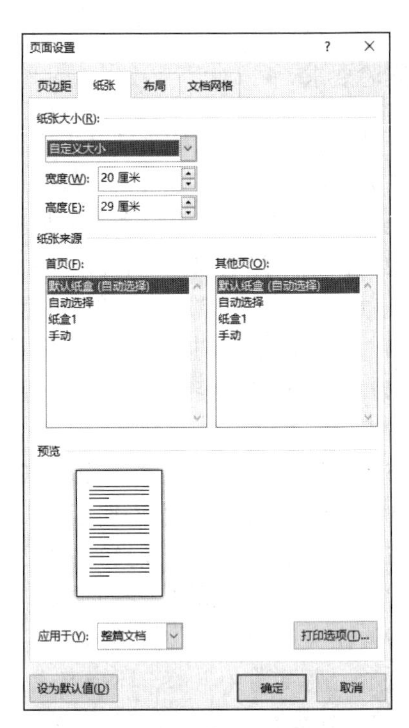

图 5-3 “页面设置”对话框
—“纸张”选项卡

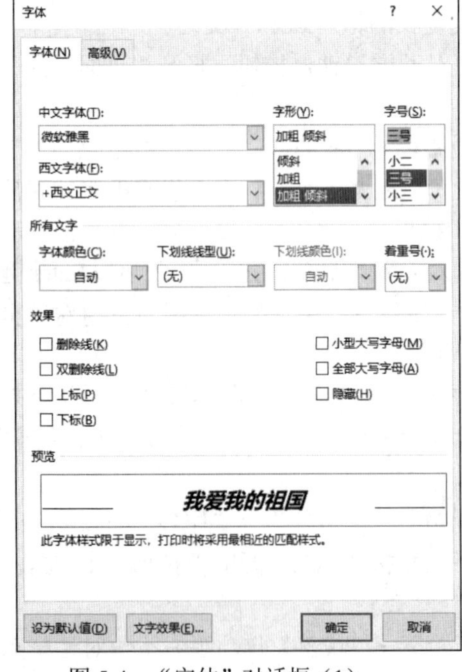

图 5-4 “字体”对话框（1）

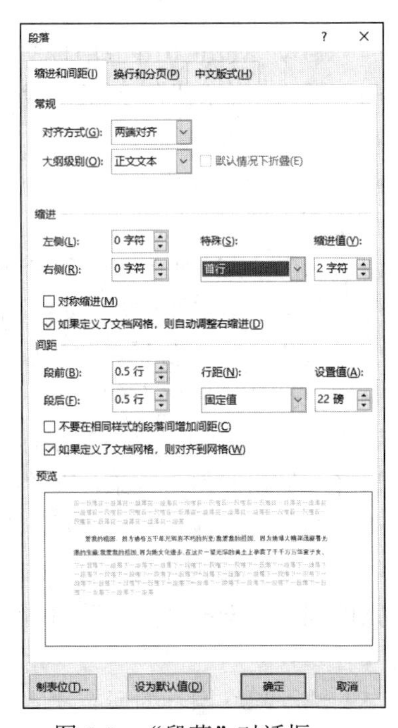

图 5-5 “段落”对话框

在“缩进和间距”选项卡“间距”栏中将“段前”和“段后”微调框中均设置“0.5行”，在“行距”下拉列表中选择“固定值”，设置“设置值”为“22 磅”，在“缩进”栏

“特殊”下拉列表中选择“首行”，设置“缩进值”为“2 字符”，然后单击“确定”按钮。

（7）将插入点定位到第一段的段首位置，单击“插入”→“文本”→“首字下沉”按钮，在打开的下拉列表中选择“首字下沉选项”，打开“首字下沉”对话框，如图 5-6 所示。在“位置”栏中选择“下沉”；在“字体”下拉列表中选择“隶书”，在“下沉行数”微调框中选择“2”，在“距正文”微调框中选择“0 厘米”，然后单击“确定”按钮。

（8）选中第四段文本，单击“开始”选项卡“字体”选项组右下角对话框启动器按钮，打开“字体”对话框，如图 5-7 所示。

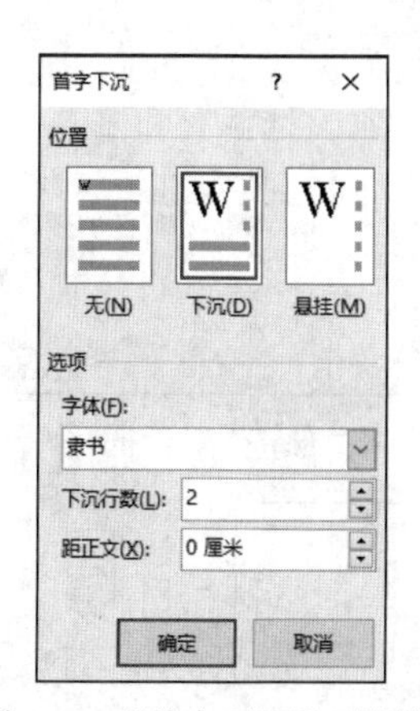

图 5-6　“首字下沉”对话框

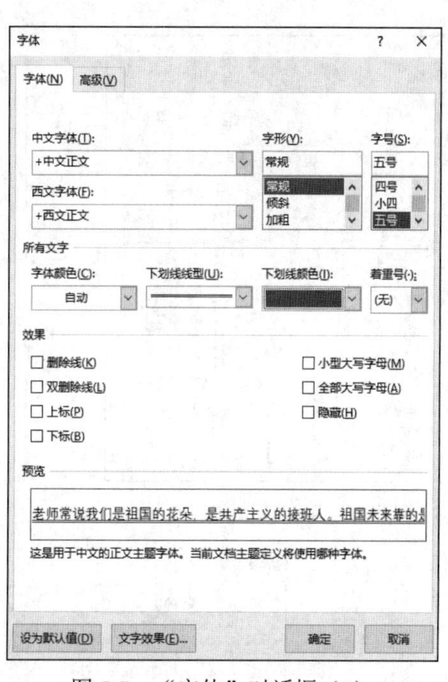

图 5-7　“字体”对话框（2）

默认“字体”选项卡，在“所有文字”栏“下划线线型”下拉列表中选择“双实线”，在“下划线颜色”下拉列表中选择“主题颜色-蓝色”。

切换到“高级”选项卡，在“字符间距”栏中“缩放”下拉列表中选择“150%”，在“间距”下拉列表中选择“加宽”，在“磅值”微调框中选择“2 磅”，然后单击“确定”按钮。

（9）选中第三段文本，单击“布局”→“页面设置”→“栏”下三角按钮，在打开的下拉列表中选择“更多栏”选项，打开“栏”对话框，如图 5-8 所示。在“预设”栏中选择“两栏”选项，选中“分隔线”复选框，单击“确定”按钮。

（10）选择“插入”→“插图”→“图片”→“此设备”选项，打开“插入图片”对话框，选择图片“我的祖国.jpg”，单击“插入”按钮。单击“图片工具-图片格式”选项卡“大小”选项组右下角对话框启动器按钮，打开“布局”对话框，如图 5-9 所示。在“文字环绕”选项卡“环绕方式”栏中选择“四周型”，切换到“大小”选项卡，在“缩放”栏中取消选择“锁定纵横比”和“相对原始图片大小”复选框，重新设置图片高度为 4 厘米，宽度为 6 厘米，单击“确定”按钮，调整图片在文档中的位置。

（11）单击“设计”→“页面背景”→“页面边框”按钮，打开“边框和底纹”对话框，切换至“页面边框”选项卡，如图 5-10 所示。在“艺术型”下拉列表中选择艺术型边框，单击“确定”按钮。

（12）保存并关闭文档。

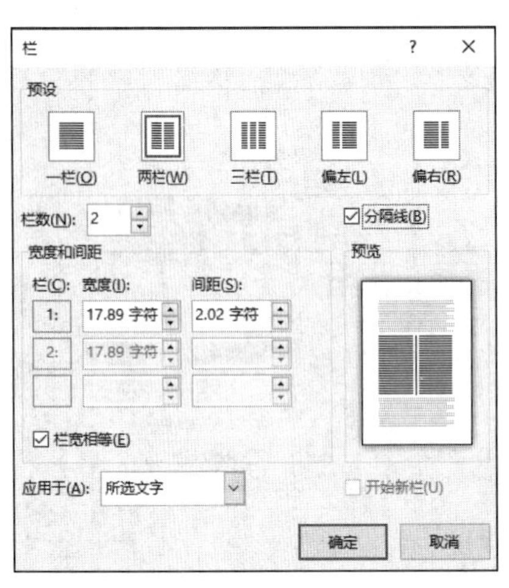

图 5-8 “栏”对话框

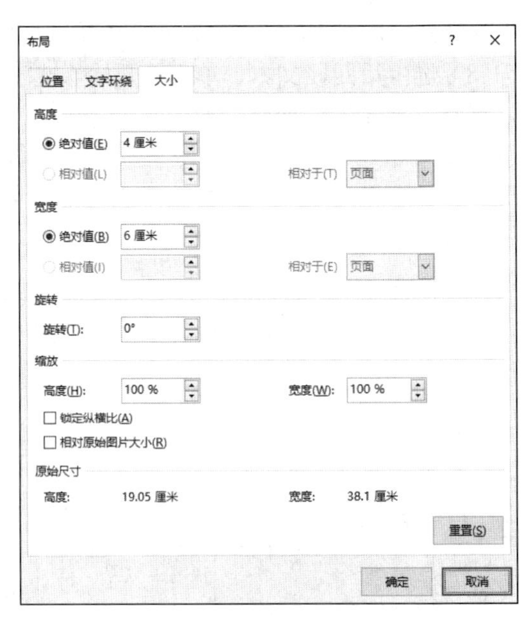

图 5-9 “布局”对话框

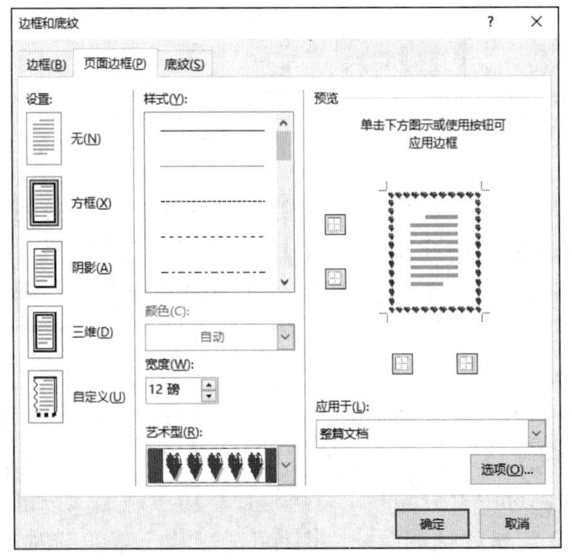

图 5-10 “边框和底纹”对话框

四、实验练习题

1. 打开素材“好人就像右手.docx”文档，按照以下要求进行操作。

（1）设置标题文字“好人就像右手”的样式为“标题 2”，字体为“隶书”，字号为

“小二”，对齐方式为“居中”，段后间距为“18 磅”，行距为“1.5 倍行距”。

（2）设置正文所有段落的字号为“小四”，首行缩进为“2 字符”，段后间距为“0.5 行”，行距为“多倍行距”，值为“1.25”。

（3）设置页面边框为“苹果”，可以参照效果图。

（4）设置上、下页边距为 60 磅，左、右页边距为 70 磅。

（5）将正文的第二段文字“好人是世界的根……做人就做好人。”移动到文档末尾作为最后一段。设置段落底纹填充色为“浅绿”，并添加“双线型”的边框线。

（6）在文档末尾插入艺术字，样式为“艺术字 4 行 3 列”，内容为“好人就像右手”，字体为“隶书”，环绕方式为“四周型”。

2. 打开素材“噪声.docx”文档，按照以下要求进行操作。

（1）将页面设置为 A4 纸，设置上、下页边距为 2.5 厘米，左、右页边距为 3 厘米，每页行数为 40 行，每行字符数为 39 个。

（2）给文章添加标题“警惕噪声对孩子成长的影响”，居中对齐，设置其文字格式为“华文行楷、粗体、小一号”。

（3）参考效果图，给正文第二段添加蓝色 1.5 磅边框，填充橙色底纹。

（4）设置正文各段落均为 1.5 倍行距，第一段首字下沉 2 行，首字字体为“隶书”，其余各段落均设置为首行缩进 2 字符。

（5）设置页眉为“警惕噪声”，页脚为“保护儿童”。

（6）参考效果图，在正文第五段适当位置插入图片“child.jpg”，设置图片高度、宽度的缩放比例均为 120%，环绕方式为“紧密型”。

（7）将正文倒数第二段分为等宽两栏，添加分隔线。

实验二　图 文 混 排

一、实验任务

为了使学生更好地进行职场定位和职业准备以提高就业能力，某高校就业办于 2023 年 3 月 6 日 18:00～20:00 在学校第一教学楼报告厅举办题为“大学生未来规划讲座”的就业报告会，特邀著名就业指导教师王贺先生担任演讲嘉宾。现在需要制作一份相关的宣传海报，其效果图如图 5-11 所示。

图 5-11　宣传海报效果图

二、实验要求

打开素材“海报.docx”文档，完成以下操作。

（1）设置页面高度为 35 厘米，宽度为 27 厘米，上、下页边距均为 4 厘米，左、右页边距均为 3 厘米，设置图片“背景.jpg”为海报背景。

（2）将海报的标题“大学生未来规划讲座”改为艺术字。

（3）根据宣传海报效果图（图 5-11）调整海报内容文字的字号、字体和颜色。

（4）根据效果图，调整海报文本的对齐方式和缩进格式。

（5）调整海报文本中报告题目、“报告人”、“报告日期”、“报告时间”、“报告地点”所在段落的间距。

（6）插入图片“p1.jpg”，在文档中调整图片的大小，并将其放于适当位置，不能遮挡文档中的文字内容。

（7）调整图片的颜色和样式，使之与海报效果图一致。

三、实验步骤

（1）启动 Word 2016 应用软件，打开素材“海报.docx”文档。

（2）单击“布局”→“页面设置”选项组右下角对话框启动器按钮，打开“页面设置”对话框，如图 5-12 所示。

在“页边距”选项卡中设置上、下页边距均为 4 厘米，左、右页边距均为 3 厘米。切换到“纸张”选项卡。在“纸张大小”栏中设置宽度为 27 厘米，高度为 35 厘米，然后单击“确定”按钮，如图 5-13 所示。

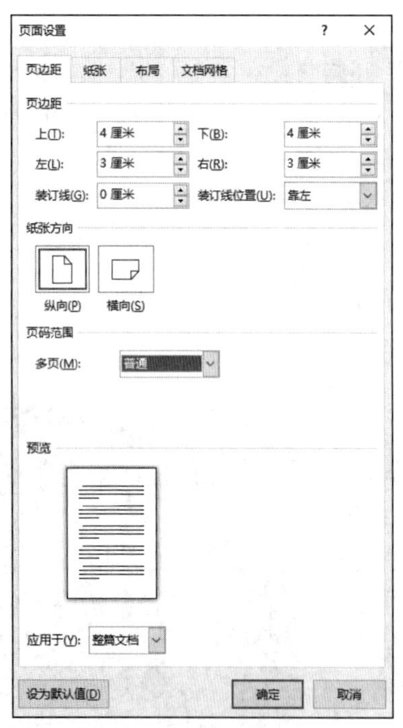

图 5-12 “页面设置”对话框
—“页边距”选项卡

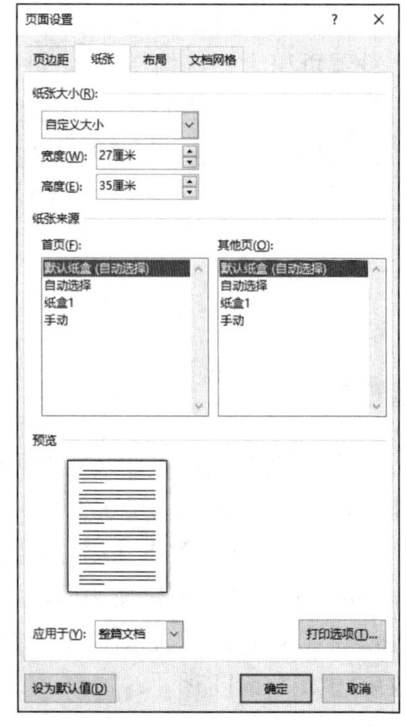

图 5-13 “页面设置”对话框
—“纸张”选项卡

（3）单击“设计”→“页面背景”→“页面颜色”下拉按钮，在打开的下拉列表中选择“填充效果”命令，打开“填充效果”对话框，如图 5-14 所示。

单击“插入”→“插图”→“联机图片”按钮，打开“插入图片”对话框，如图 5-15 所示。

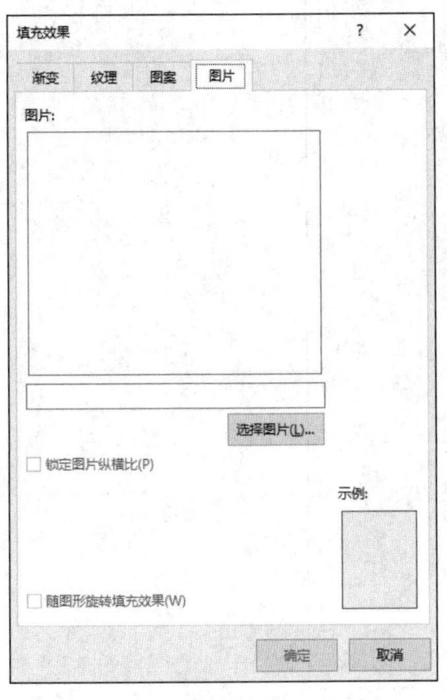

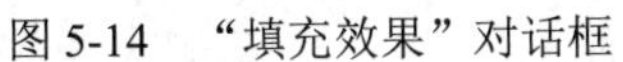
图 5-14　“填充效果”对话框

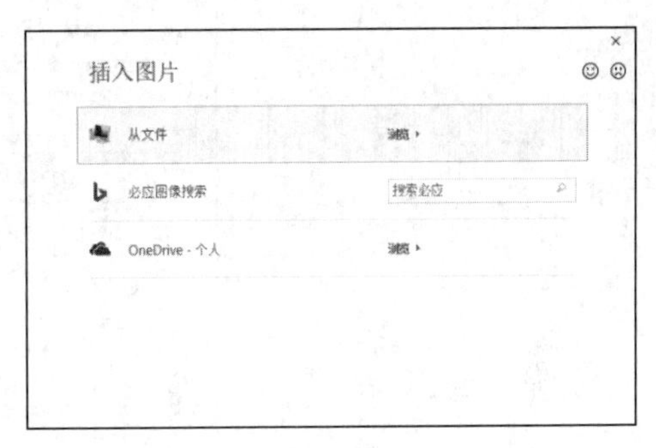

图 5-15　“插入图片”对话框

单击“从文件”→“浏览”按钮，在打开的“选择图片”对话框中选择“背景”图片，单击“确定”按钮。

（4）选中标题文字“大学生未来规划讲座”，单击“插入”→“文本”→“艺术字”按钮，在打开的列表中选择第 3 行第 4 列的艺术字样式。单击“绘图工具-形状格式”→“排列”→“环绕文字”下拉按钮，在打开的列表中选择“上下型环绕”方式。

（5）选中标题“大学生未来规划讲座”，设置字号为“初号”，字体为“微软雅黑”。

（6）选中“报告人”“报告日期”“报告时间”“报告地点”“主办”所在段落文本，设置字号为“一号”，字体为“楷体”。

（7）选中“欢迎大家踊跃参加！”文本，设置字号为“小初”，字体为“隶书”。

（8）分别选中“报告人：”“报告日期：”“报告时间：”“报告地点：”“主办：”文本，设置字体颜色为“深蓝色”；选中剩余文本，设置字体颜色为“白色”。

（9）选中标题和“欢迎大家踊跃参加！”文本，单击“开始”→“段落”→“居中”按钮。

（10）选中“报告人”“报告日期”“报告时间”“报告地点”“主办”所在段落文本，单击“开始”→“段落”选项组右下角对话框启动器按钮，打开“段落”对话框，如图 5-16 所示。

在“缩进”栏中设置“左侧”为“5 字符”，设置“右侧”为“5 字符”，单击“确定”按钮。

（11）选中“主办”所在的段落，单击“开始”→“段落”→“右对齐”按钮。

（12）选中标题文本，打开“段落”对话框。

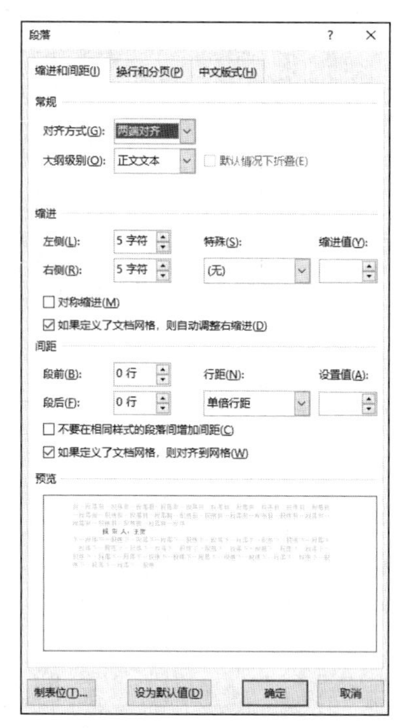

图 5-16 “段落”对话框

在“间距”栏中设置“段后”为“2 行”，单击“确定”按钮。

（13）选中“报告人”“报告日期”“报告时间”“报告地点”“主办”所在段落文本，设置段前间距和段后间距均为“1 行”。

（14）选中“欢迎大家踊跃参加!”文本，设置段前间距和段后间距均为“2 行”。

（15）选择“插入”→“插图”→“图片”→“此设备”选项，打开“插入图片”对话框，插入“p1.jpg”图片。

（16）设置图片的环绕方式为“四周型”，并根据海报效果图将图片移动到指示位置。

（17）选中图片，单击“图片工具-图片格式”→“调整”→“颜色”下拉按钮，在打开的列表中选中“重着颜色-褐色”选项。单击“图片样式”→“金属椭圆”样式。

（18）保存并关闭文档。

四、实验练习题

1. 打开素材“8 个秘诀让你放心吃甜点.docx”文档，按照以下要求进行操作。

（1）设置标题文字“8 个秘诀让你放心吃甜点”字体为“黑体”，字形为“加粗”，字号为“小三”，颜色为“绿色”，对齐方式为“居中”。

（2）设置正文各段落首行缩进“11.35 磅”。

（3）设置正文第一段“控制食用量……又可提高成功率。”字体为“华文行楷”“单下划线”，字号为“四号”，加“着重号”。

（4）设置正文第二段“避免空腹吃甜点……”首字下沉，行数为“2 行”，距正文“14.2 磅”。

（5）设置正文第三段“高热量甜点饭后吃……且不容易吃太多。”边框为“方框”，线型为“实线”，宽度为“1 磅”，底纹填充色为“红色”，应用于“文字”。

（6）在文档中插入任意一幅剪贴画，设置环绕方式为“浮于文字上方”。

（7）设置页脚文字为“甜点”，对齐方式为“居中”。

2. 打开素材“数据库.docx”文档，按照以下要求进行操作。

（1）调整纸张大小为“B5”，上、下、左、右页边距均设置为 1.5 厘米。

（2）将文档中所有的手动换行符替换为普通段落标记，并删除所有空行。

（3）自“课程大纲”开始另起一页，并将该页的纸张方向设置为“横向”。

（4）将“课程大纲”下方的段落分成三栏，添加分隔线。

（5）在文档起始位置插入图片“Wpic01.jpg”，调整环绕方式为“四周型”；不改变图片纵横比，调整图片宽度与页面同宽；调整图片位置，使其水平位于页面正中，并与页面上边缘垂直对齐。

（6）为“课程大纲”的第二页添加图片水印，图片为“Wpic02.jpg”，并取消冲蚀效果。

实验三　表 格 制 作

一、实验任务

一名即将毕业的大学四年级学生需要制作一张求职简历表，以便为自己找到一份满意的工作。制作简历表要求包含本人基本信息，表格中的关键信息应有醒目的底纹效果，表格总体样式应当美观大方。简历表效果图如图 5-17 所示。

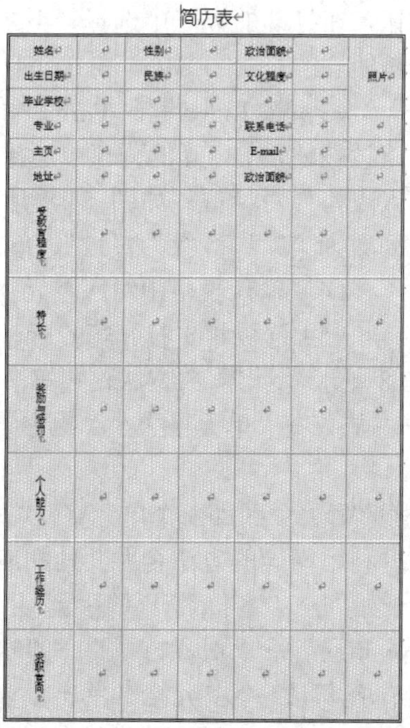

简历表

姓名		性别		政治面貌		照片
出生日期		民族		文化程度		
毕业学校						
专业				联系电话		
主页				E-mail		
地址				政治面貌		
受教育程度						
特长						
奖励与惩罚						
个人能力						
工作经历						
求职意向						

图 5-17　简历表效果图

二、实验要求

（1）输入和设置表格标题。输入标题为“简历表”，设置字体为“幼圆”，字号为“小二”，对齐方式为“居中”。

（2）设置行高和列宽。设置第 1 行到第 6 行的行高为 0.8 厘米，第 7 行到第 12 行的行高为 3 厘米；设置第 1 列和第 5 列的列宽为 2.5 厘米，第 2 列、第 3 列、第 4 列、第 6 列、第 7 列的列宽均为 2 厘米。

（3）设置表格中文本的字体为“宋体”，字号为“五号”，对齐方式为“水平居中”。

（4）根据效果图合并相应的单元格。

（5）设置文字方向。将第 1 列的第 7 个至第 12 个单元格的文字方向设为“纵向排列”。

（6）按照效果图设置对应单元格的底纹填充颜色为“浅蓝色”，底纹图案样式为“10%”。

（7）设置表格外侧框线的线型为“双实线”，粗细为“1.5 磅”；设置表格内部框线的线型为“单实线”，粗细为“1 磅”，颜色为“紫色”。

（8）保存文档，将文档命名为“简历表.docx”。

三、实验步骤

（1）启动 Word 2016 应用软件，自动新建一个空白文档。

（2）在文档的开始位置输入文本“简历表”，选中标题“简历表”文本，单击“开始”→“字体”→“字体”下拉按钮，在打开的列表中选择“幼圆”；单击“字号”下拉按钮，在打开的列表中选择“小二”；单击“段落”→“居中”按钮。

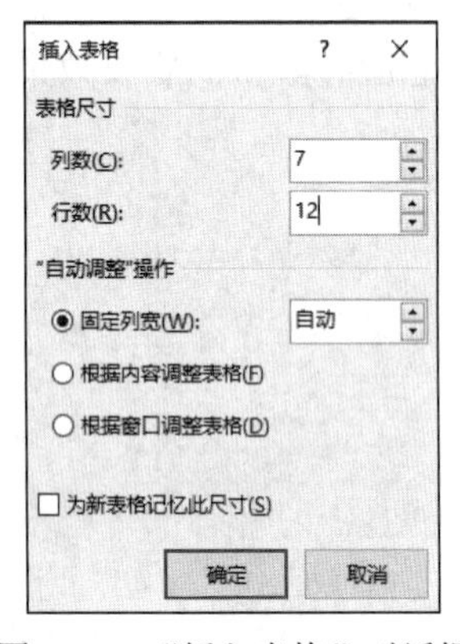

图 5-18 “插入表格”对话框

（3）按 Enter 键，单击“插入”→“表格”→“表格”下拉按钮，在打开的列表中选择“插入表格”选项，打开“插入表格”对话框，如图 5-18 所示。在“表格尺寸”栏设置列数为“7”、行数为“12”，单击“确定”按钮。

（4）输入表格中对应单元格的文本，如图 5-19 所示。

（5）选取第 1 行到第 6 行，在“表格工具-布局”→“单元格大小”组中设置高度为 0.8 厘米，用相同的方法设置第 7 行到第 12 行高度为 3 厘米；选取第 1 列，在“表格工具-布局”→“单元格大小”组中设置列宽为 2.5 厘米，用相同的方法设置其他列的宽度。

（6）选取“照片”所在列的第 1 个到第 3 个单元格，单击“表格工具-布局”→“合并”→“合并单元格”按钮；利用相同的方法合并其他相应的单元格。

（7）选取表格，单击“开始”→“字体”→“字号”下拉按钮，在打开的列表中选择“小四”；单击“表格工具-布局”→“对齐方式”→“水平居中”按钮。

（8）选取第 1 列的第 7 个到第 12 个单元格，单击“表格工具-布局”→“对齐方式”→“文字方向”按钮，将文字方向由横向改为纵向。

简历表

姓名		性别		政治面貌		照片
出生日期		民族		文化程度		
毕业学校						
专业				联系电话		
主页				E-mail		
地址				政治面貌		
受教育程度						
特长						
奖励与惩罚						
个人能力						
工作经历						
求职意向						

图 5-19　表格中的文本

（9）选中表格中文字所在的单元格，单击“表格工具-表设计”→“边框”选项组右下角对话框启动器按钮，打开“边框和底纹”对话框，选择“底纹”选项卡，如图 5-20 所示。打开“填充”下拉列表，从中选择“浅蓝”，打开“图案”栏中的“样式”下拉列表，选择“10%”，单击“确定”按钮。

（10）选取表格，单击“表格工具-表设计”→“边框”→“边框样式”下拉按钮，在打开的列表中选择“双实线”；单击“笔划粗细”下拉按钮，在打开的列表中选择“1.5 磅”；单击“边框”下拉按钮，在打开的下拉列表中选择“外侧框线”，如图 5-21 所示。

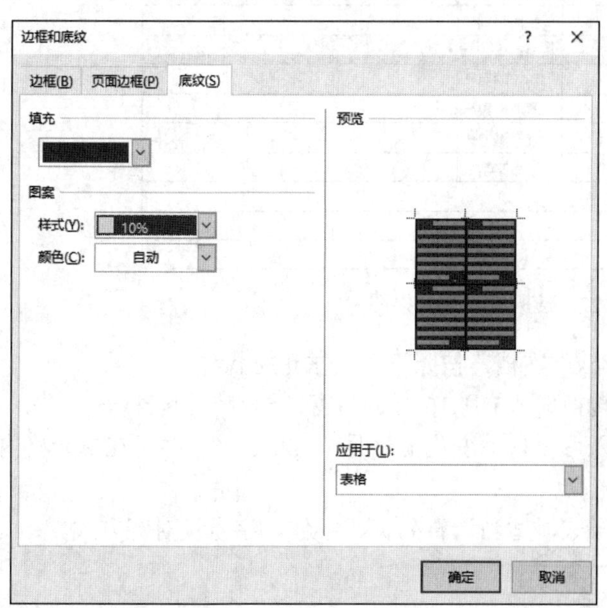

图 5-20　“底纹”选项卡

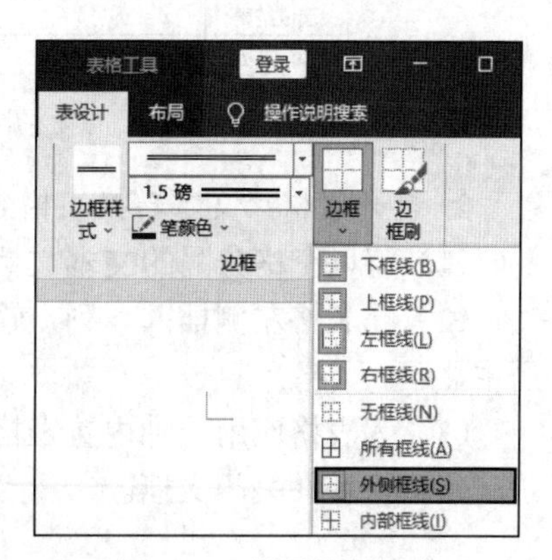

图 5-21　设置外侧框线

利用相同的方法设置内部框线。打开“边框样式”下拉列表，选择“单实线”；打开“笔划粗细”下拉列表，选择“1 磅”；打开“笔颜色”下拉列表，选择“紫色”；打开“边框”下拉列表，选择“内部框线”。

（11）选择“文件”→“另存为”选项，打开“另存为”窗口，单击“浏览”按钮，打开“另存为”对话框，选择文件的保存位置，将文件命名为“简历表.docx”，单击“保存”按钮。

四、实验练习题

1. 制作如图 5-22 所示的应聘登记表。

<table>
<tr><td colspan="6">基本资料</td><td rowspan="4">照片</td></tr>
<tr><td>姓名</td><td></td><td>性别</td><td></td><td>出生年月</td><td></td></tr>
<tr><td>民族</td><td></td><td>婚姻状况</td><td></td><td>政治面貌</td><td></td></tr>
<tr><td>身份证号码</td><td colspan="3"></td><td>籍贯</td><td></td></tr>
<tr><td>文化程度</td><td></td><td>所学专业</td><td></td><td>技术职称</td><td colspan="2"></td></tr>
<tr><td>毕业学校</td><td colspan="3"></td><td>毕业时间</td><td colspan="2"></td></tr>
<tr><td>家庭住址</td><td colspan="6"></td></tr>
<tr><td>通信地址</td><td colspan="4"></td><td>邮编</td><td></td></tr>
<tr><td colspan="7">学习及培训情况</td></tr>
<tr><td>起年份</td><td>至年份</td><td>学时</td><td colspan="2">学习及培训单位</td><td>学习内容</td><td>结果</td></tr>
<tr><td></td><td></td><td></td><td colspan="2"></td><td></td><td></td></tr>
<tr><td></td><td></td><td></td><td colspan="2"></td><td></td><td></td></tr>
<tr><td></td><td></td><td></td><td colspan="2"></td><td></td><td></td></tr>
<tr><td colspan="7">工作简历</td></tr>
<tr><td>起年份</td><td>至年份</td><td colspan="2">单位及部门</td><td colspan="2">从事工作</td><td>职务</td></tr>
<tr><td></td><td></td><td colspan="2"></td><td colspan="2"></td><td></td></tr>
<tr><td></td><td></td><td colspan="2"></td><td colspan="2"></td><td></td></tr>
<tr><td></td><td></td><td colspan="2"></td><td colspan="2"></td><td></td></tr>
<tr><td>应聘岗位</td><td colspan="2"></td><td>到岗时间</td><td colspan="3"></td></tr>
<tr><td colspan="7">面试记录</td></tr>
<tr><td>考核项目</td><td colspan="2">评价</td><td>考核项目</td><td colspan="3">评价</td></tr>
<tr><td>专业知识</td><td colspan="2"></td><td>气质形象</td><td colspan="3"></td></tr>
<tr><td>业务技能</td><td colspan="2"></td><td>性格潜力</td><td colspan="3"></td></tr>
<tr><td>经验能力</td><td colspan="2"></td><td>语言文字</td><td colspan="3"></td></tr>
<tr><td>综合评价</td><td colspan="6"></td></tr>
<tr><td>面试结果</td><td colspan="6"></td></tr>
<tr><td>部门意见</td><td colspan="6"></td></tr>
</table>

图 5-22 应聘登记表效果图

2. 打开素材“文本转换表格.docx”文档，按照下列要求进行操作。

（1）将以空格分隔的文本文档转换成“5 列 16 行、与窗口同宽”的表格。

（2）在表格左侧插入一列，输入可以自动变化的序号“1,2,3,…”，并且在单元格内居中显示。

（3）为表格应用一种内置表格样式，适当调整列宽、字体、字号及对齐方式。

（4）保存并关闭文档。

实验四　毕业论文的排版

一、实验任务

某高校一名临近毕业的大学四年级学生已经写好毕业论文，现在需要按照学校规定的论文书写格式对自己的毕业论文进行排版。

二、实验要求

打开素材“毕业论文.docx”文档，完成以下操作。

（1）删除文档中的所有空行。

（2）正文设置。将中文字体设置为“宋体”，西文字体设置为“Times New Roman”，字号均设置为“小四”；设置首行缩进“2 字符”，行距为“1.5 倍”。

（3）各级标题设置。

一级标题：设置字体为“黑体”，字号为“三号，加粗”，对齐方式为“居中”，段前、段后间距均为“0 行”，行距为“1.5 倍”。

二级标题：设置字体为“宋体”，字号为“四号”，对齐方式为“左对齐”，段前、段后间距均为“0 行”，行距为“1.5 倍”。

三级标题：设置字体为“宋体”，字号为“小四”，对齐方式为“左对齐”，段前、段后间距均为“0 行”，行距为“1.5 倍”。

（4）页面设置。设置纸张大小为“A4”，上、下页边距均为“2.5 厘米”，左、右页边距分别为“3.2 厘米”和“2.5 厘米”；页眉和页脚距边界为“1 厘米”。

（5）在文档末尾的标题“参考文献”下方插入参考书目，书目保存于文档“书目.xml”中，设置书目样式为“ISO690-数字引用”。

（6）分节符。设置“目录”“摘要”“每章标题”“参考文献”“致谢”都从新的页面开始。

（7）页眉和页脚。设置页眉中的字体为“宋体”，字号为“五号”，行距为“单倍行距”，对齐方式为“居中”；设置在页脚中插入页码，对齐方式为“居中”。目录页码使用希腊文，并且单独编号；正文页码使用阿拉伯数字。

（8）设置所有的脚注为尾注，并且放在每章之后。

（9）目录。设置自动生成二级目录，字号为“小四”，对齐方式为“右对齐”。

三、实验步骤

（1）打开素材“毕业论文.docx”文档，单击“开始”→“编辑”→“替换”按钮，打开“查找和替换”对话框，如图 5-23 所示。

单击“特殊格式”下拉按钮，在打开的列表中选择“段落标记”选项，在“查找内容”文本框中输入两个“段落标记”；在“替换为”文本框中输入一个“段落标记”，单击“全部替换”按钮。

图 5-23 “查找和替换”对话框

（2）单击“开始”→“样式”选项组右下角对话框启动器按钮，打开“样式”任务窗格，如图 5-24 所示。

在“样式”任务窗格中，单击左下角的“新建样式”按钮，打开“根据格式化创建新样式”对话框，如图 5-25 所示。

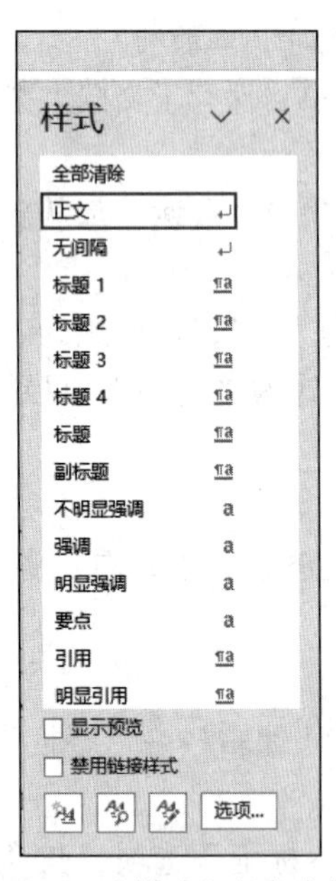

图 5-24 “样式”任务窗格

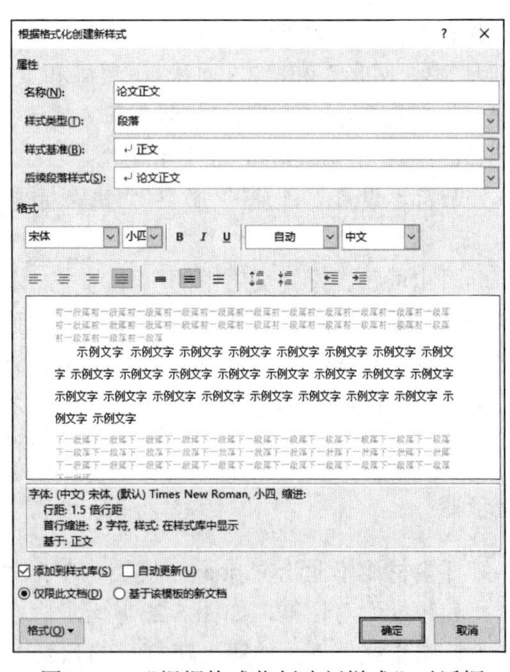

图 5-25 “根据格式化创建新样式”对话框

在“名称”文本框中输入“论文正文”，将“后续段落样式”设置为“论文正文”。

（3）单击该对话框中左下角的“格式”按钮，在打开的列表中选择“字体”选项，打开“字体”对话框，如图 5-26 所示。

切换到“字体”选项卡，设置中文字体为“宋体”，西文字体为“Times New Roman”，字号为“小四”，单击“确定”按钮。

（4）单击“开始”→“段落”选项组右下角对话框启动器按钮，打开“段落”对话框，如图 5-27 所示。在“缩进和间距”选项卡中设置“特殊”为“首行”、“缩进值”为“2 字符”，行距为“1.5 倍行距”。

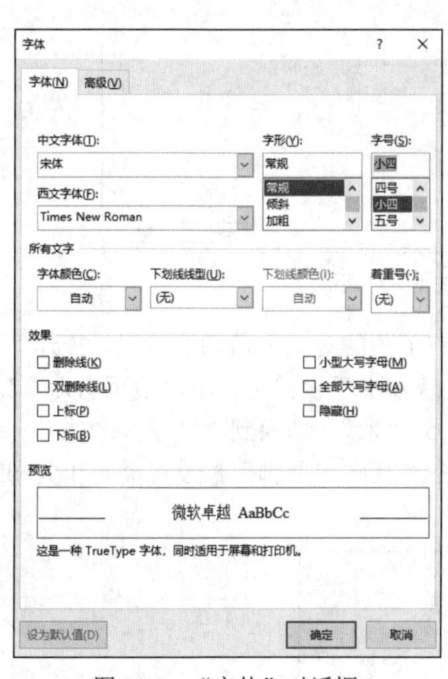

图 5-26　“字体”对话框

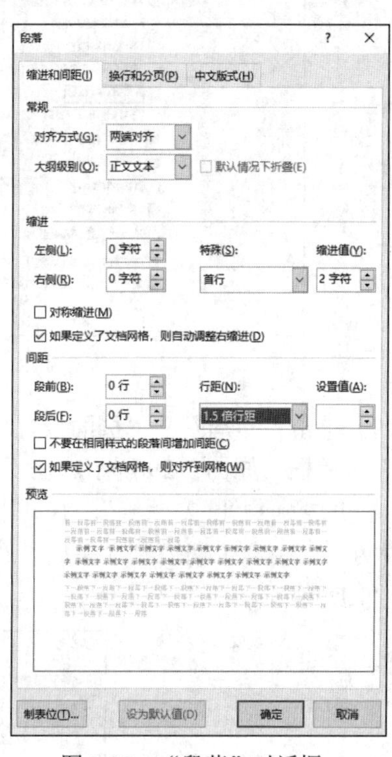

图 5-27　“段落”对话框

（5）分别使用上述方法新建“论文一级标题”“论文二级标题”“论文三级标题”等样式。对于新建的样式，将“样式基准”设置为“正文”，将“后续段落样式”设置为“论文正文”。

（6）插入点定位在文本“摘要”所在的行，在“样式”任务窗格中单击列表中的“论文一级标题”样式。使用相同的方法，将“摘要”“第 1 章”“第 2 章”……“参考文献”“致谢”设置为“论文一级标题”样式。利用相同的方法，将“2.1……”设置为“论文二级标题”样式。

（7）选择“文件”→“选项”选项，打开“Word 选项”对话框，如图 5-28 所示。在“高级”选项组中选中“保持格式跟踪”复选框，单击“确定”按钮。

（8）选中“摘要正文”的部分文本，单击“开始”→“编辑”→“选择”下拉按钮，在打开的列表中选择“选定所有格式类似的文本（无数据）”命令，单击“样式”→“正文”样式。

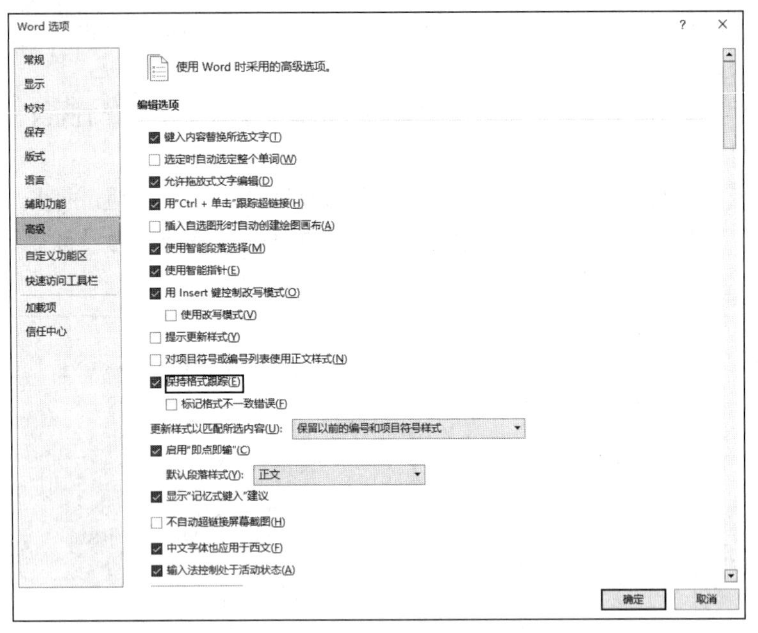

图 5-28 “Word 选项”对话框

（9）单击“布局”→“页面设置”选项组右下角的对话框启动器按钮，打开“页面设置”对话框，如图 5-29 所示。在“页边距”选项卡下设置上、下页边距均为“2.5 厘米”，左页边距为“3.2 厘米”，右页边距为“2.5 厘米”。切换到“纸张”选项卡，设置纸张大小为“A4”。切换到“布局”选项卡，在“页眉和页脚”栏设置页眉和页脚距边界为“1 厘米”。

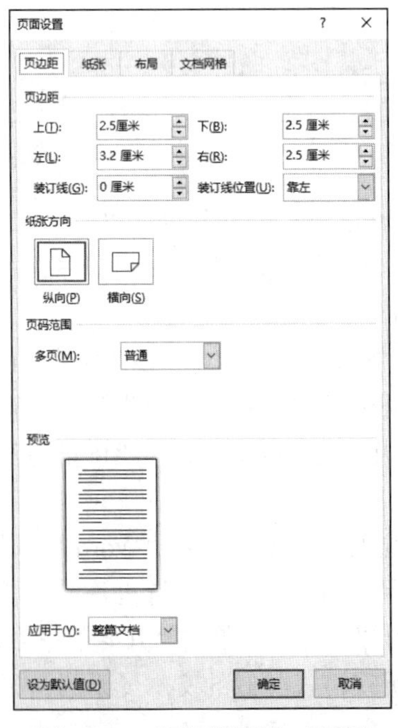

图 5-29 “页面设置”对话框

（10）插入点定位在“参考文献正文”位置，单击“引用”→“引文与书目”→“管理源”按钮，打开“源管理器”对话框，如图 5-30 所示。

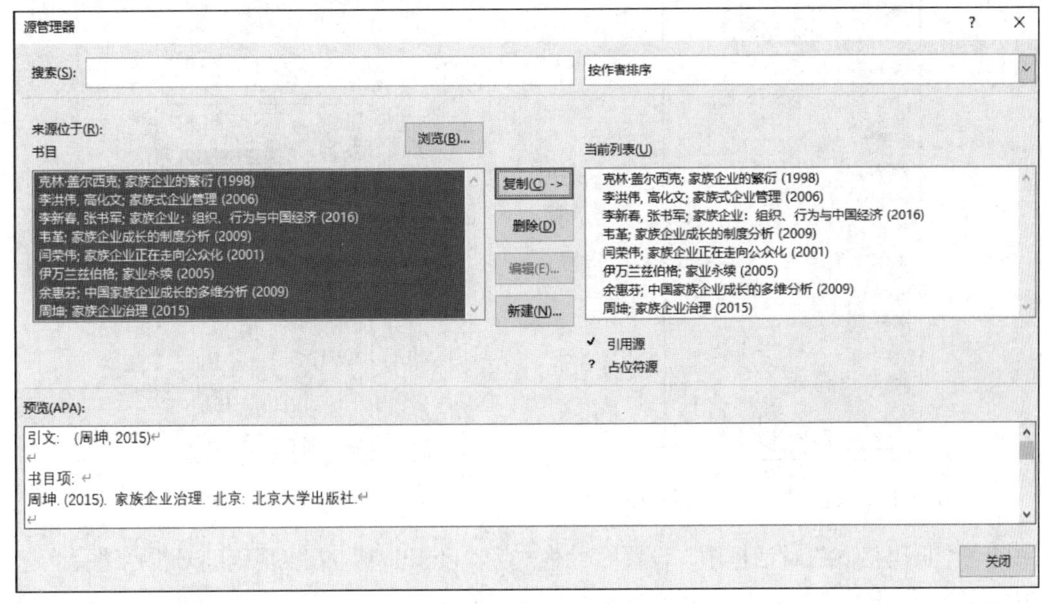

图 5-30　“源管理器”对话框

单击“浏览”按钮，选择“书目.xml”文件；选中左侧“书目”列表中的全部内容，单击“复制”按钮，将内容复制到右侧的列表框中，单击“关闭”按钮。

（11）单击“引用”→“引用与书目”→“样式”下拉按钮，在打开的列表中，选择“ISO 690—数字引用”选项。

（12）单击“引用”→“引用与书目”→“书目”下拉按钮，在打开的列表中，选择“插入书目”选项。

（13）将光标定位在文本“摘要”之前，单击“布局”→“页面设置”→“分隔符”按钮，在打开的下拉列表中选择“分节符”→“下一页”选项。利用相同方法，分别在“第 1 章”“第 2 章”……“参考文献”“致谢”的前面插入分节符“下一页”。

（14）单击“插入”→“页眉和页脚”→“页眉”按钮，在打开的下拉列表中选择“编辑页眉”命令。在页眉中输入“××师范学院”，并设置字号为“五号”，行距为“单倍行距”，对齐方式为“居中”。然后，单击“页眉和页脚工具-设计”→“关闭”→“关闭页眉和页脚”按钮。

（15）单击“引用”→“脚注”选项组右下角对话框启动器按钮，打开“脚注和尾注”对话框，如图 5-31 所示。

在“位置”栏中选择“尾注”单选按钮，在其对应的下拉列表中选择“节的结尾”，单击“转换”按钮。

（16）插入点定位在“目录”所在页，单击“插入”→“页眉和页脚”→“页脚”按钮，在打开的下拉列表中选择“编辑页脚”命令。单击“页眉和页脚工具”→“页眉和页脚”→“页码”按钮，在打开下拉列表中选择“设置页码格式”命令，打开“页码格式”对话框，如图 5-32 所示。

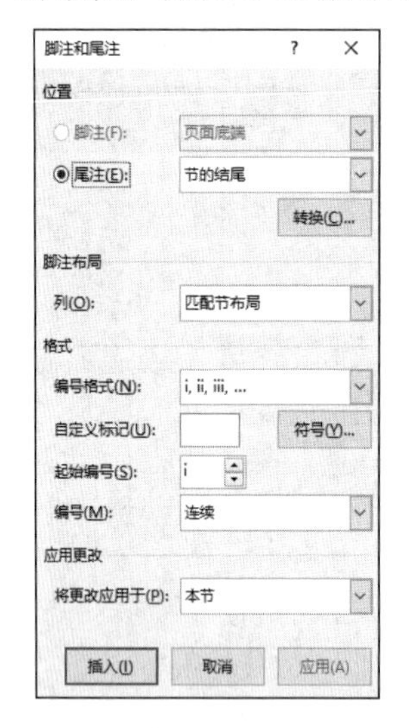
图 5-31 “脚注和尾注”对话框

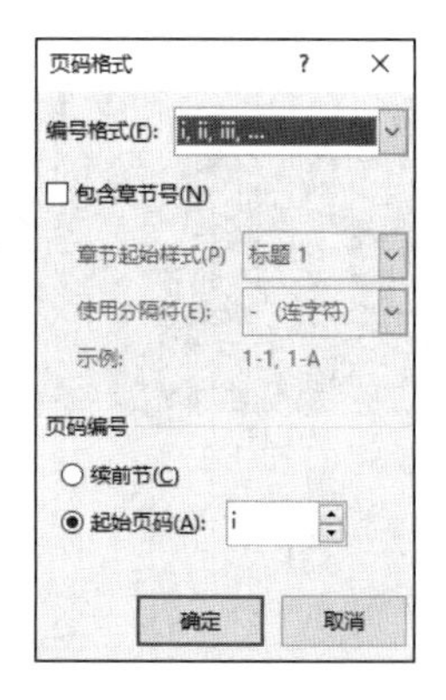
图 5-32 “页码格式”对话框

在“页码格式”对话框中，设置编号格式为“i,ii,iii,…”，在“页码编号”栏选择“起始页码为 i”单选按钮，设置起始页码，单击“确定”按钮。

（17）单击“页眉和页脚”→“页码”按钮，在打开的下拉列表中选择“页面底端 普通数字 2”选项。

（18）单击“页眉和页脚工具”→“导航”→“下一节”按钮，插入点置于“摘要”的页脚中，单击“导航”→“链接到前一条页眉”按钮。

（19）单击“页眉和页脚工具”→“页眉和页脚”→“页码”按钮，在打开下拉列表中选择“设置页码格式”选项，打开“页码格式”对话框，设置编号格式为“1,2,3,…”，页码编号为“起始页码为 1”，单击“确定”按钮。

（20）再次单击“页眉和页脚工具”→“页眉和页脚”→“页码”按钮，在打开的下拉列表中选择“页面底端”→“普通数字 2”选项。其余各节的页码设置，在“页码格式”对话框中，设置页码编号为“续前节”。单击“页眉和页脚工具-设计”→“关闭”→“关闭页眉和页脚”按钮。

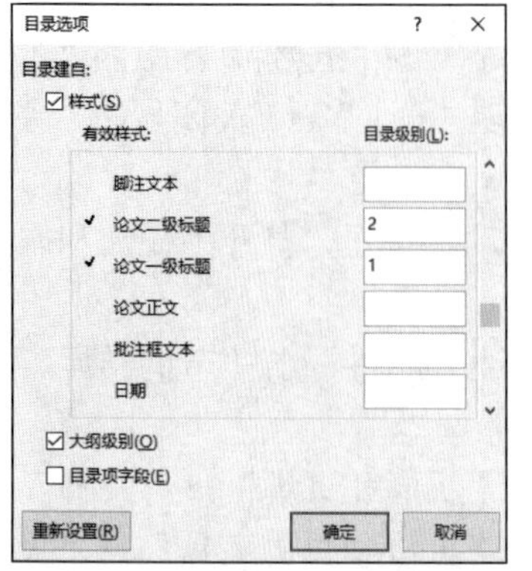
图 5-33 “目录选项”对话框

（21）插入点定位在目录正文处，单击“引用”→“目录”→“目录”按钮，在打开的下拉列表中选择“自定义目录”命令，打开“目录”对话框。单击“选项”按钮，打开“目录选项”对话框，如图 5-33 所示。

在“有效样式”栏分别设置“论文一级标题”的目录级别为“1”，“论文二级标题”的目录级别为“2”，单击“确定”按钮。选中插入的目录，设置标题字体的字号为“小四”，对齐方式为“右对齐”。

（22）关闭并保存文档。

四、实验练习题

打开“超市进销存管理系统论文.docx”，按照学校的论文排版要求对其进行排版。

实验五　文章的排版

一、实验任务

某大学的一名教师撰写了一篇关于本专业的学术文章，拟向某大学学报投稿。根据该学报对论文的排版要求，学术文章必须按照该学报论文样式进行排版。排版样式的效果如图 5-34 所示。

文章编号：BJDXXB-2010-06-003

基于频率域特性的闭合轮廓描述子对比分析

张东明[1]　李圆圆[1]　陈佳怡[2]

([1]北京 XX 大学信息工程学院，北京 100080　[2]江西 XX 学院计算机系，南昌，330002)

摘　要：本文将通过实验对两种基于频率域特性的平面闭合轮廓曲线描述方法（Fourier Descriptor, FD 和 Wavelet Descriptor, WD）的描述性、视觉不变性和鲁棒性的对比分析，讨论它们在形状分析及识别过程中的性能。在此基础上提出一种基于小波包分解的轮廓曲线描述方法（Wavelet Packet Descriptor, WPD），通过与 WD 的对比表明其在特定场合具有更强的细节刻画能力。

关键字：Fourier 描述子、Wavelet 描述子、视觉不变性、小波包形状描述

中图分类号：　　**文献标志码：**A

Comparative Analysis of Closed Contour Descriptor Based on Frequency Domain Feature

ZHANG Dong-ming[1], LI Yuan-yuan[1], CHEN Jia-yi[2]

([1]College of Information Engineering, Beijing XX University, Beijing 100080, China)

([2]Department of Computer Science, Jiangxi XX College, Nanchang, 330002, China)

Abstract: This paper provided a comparative method of Analyzing two classes of closed contour description, Fourier Descriptor and Wavelet Descriptor, by discussing their features of description, vision invariance and Robustness and analyzing their performance in shape analysis and recognition. According to the comparison, a contour curve description approach based on wavelet packet decomposition was proposed, and the experiment showed the more abilities in the detail description for some special cases.

Keywords: Fourier Descriptor, Wavelet Descriptor, Vision Invariance, Wavelet Packet Description

轮廓描述是图像目标形状边缘特性的重要表示方法，结合边缘提取的特点，其表示的精确性由以下三个方面的因素[1]决定：(1) 边缘点位置估计的精确度；(2) 曲线拟合算法的性能；(3) 用于轮廓建模的曲线形式。基于几何特性的形状描述方法能够提供较为直接的形象感知，其表现为空间域的特性使得后续的处理变得复杂、代价大[2]。基于 Fourier 变换的形状描述方法将形状变换到频率域来处理，使得形状分析变得更加快捷高效。Wavelet 变换理论是在窗口 Fourier 变换的基础上发展起来的，它更是提供天然的多分辨率表示，基于 Wavelet 变换的形状表示方法则提供了对形状的多尺度描述[3] [4]。

围绕第(3)方面因素，本文将通过实验对频率域特性描述子的描述性、视觉不变性和鲁棒性的对比分析，讨论两种基于频率域特性的平面闭合轮廓曲线描述方法（傅立叶描述子，Fourier Descriptor, FD 和小波描述子，Wavelet Descriptor, WD）在形状分析及识别过程中的性能，并提出一种基于小波包分解的轮廓曲线描述方法（Wavelet Packet Descriptor, WPD），通过与 WD 的对比表明其更强的细节刻画能力。

1　FD 和 WD 的描述性对比

对曲线的 Fourier 变换而言，系数的个数是无限的，但是数字图像目标形状的轮廓是有限点集，我们不可能用一个无限的对象来对应一个有限的对象，因此导致了 Fourier 系数的截取问题，系数的截取代表了信息的损失。

— 1 —

图 5-34　“文章”效果图

二、实验要求

（1）页面设置。纸张大小设置为“A4”，上、下页边距分别设置为“3.5 厘米”和“2.2 厘米”，左、右页边距均设置为“2.5 厘米”。页面指定行网格，每页为 42 行，页脚距边界为 1.4 厘米。

（2）段落设置。文章的标题、作者姓名、作者单位的中英文文本的对齐方式均设为“居中”，非正文的其余文本均设为“两端对齐”。

（3）页脚设置。在页脚位置插入页码，对齐方式设为“居中”。

（4）字体设置。设置文章编号的字体为“黑体”，字号为“小五”；设置文章标题大纲级别为“1 级”、样式为“标题 1”，中文字体为“黑体”，西文字体为“Times New Roman”，字号为“三号”；设置“作者姓名”字号为“小四”，中文字体为“仿宋”，西文字体为“Times New Roman”。设置“作者单位”“摘要”“关键字”“中图分类号”等中英文文本字号为“小五”，中文字体为“宋体”，西文字体为“Times New Roman”，其中“摘要”“关键字”“中图分类号”等中英文文本的第一个词（冒号前面部分）字体设为“黑体”。

（5）根据文章效果图，分别在“作者姓名”后面和“作者单位”前面添加数字（含中文、英文两部分）。

（6）设置分栏和交叉引用。从正文开始到参考文献列表，页面布局分为对称两栏。设置正文字号（不含图、表、独立成行的公式）为“五号”，中文字体为“宋体”，西文字体为“Times New Roman”，首行缩进为“2 字符”，行距为“单倍行距”；设置表注和图注字号为“小五”，表注的中文字体为“黑体”，图注的中文字体为“宋体”，表注和图注的西文字体均为“Times New Roman”，设置对齐方式为“居中”；设置参考文献列表字号为“小五”，中文字体为“宋体”，西文字体为“Times New Roman”；设置项目编号，编号格式为“[序号]”。

（7）设置大纲和样式。文章中紫色字体文本为论文的“第一级标题”，设置大纲级别为“2 级”，样式为“标题 2”，多级项目编号格式为“1,2,3,…”，字体为“黑体”，颜色为“黑色”，字号为“四号”，段落行距最小值为“30 磅”；文章中蓝色字体文本为论文的“第二级标题”，设置大纲级别为“3 级”，样式为“标题 3”，对应的多级项目编号格式为“2.1,2.2,…,3.1,3.2，…”，字体为“黑体”，颜色为“黑色”，字号为“五号”，段落行距最小值为“18 磅”，段前、段后间距均为“3 磅”（参考文献无多级编号）。

三、实验步骤

（1）打开素材“文章.docx”文档，单击“布局”→“页面设置”选项组左下角对话框启动器按钮，打开“页面设置”对话框，如图 5-35 所示。

在“页边距”选项卡下设置上、下页边距分别为“3.5 厘米”和“2.2 厘米”，左、右页边距均为“2.5 厘米”；切换到“纸张”选项卡，设置纸张大小为“A4”；切换到“布局”选项卡，设置页脚距边界为“1.4 厘米”；切换到“文档网格”选项卡，如图 5-36 所示。在“网格”栏中选择“只指定行网格”单选按钮，在“行”栏中设置每页为“42”行，单击“确定”按钮。

（2）选中文章的标题、作者姓名、作者单位的中英文文本，单击“开始”→“段落”→“居中”按钮，选中非正文的其余文本，单击“开始”→“段落”选项组右下角对话框启动器按钮，打开“段落”对话框，如图 5-37 所示。

在“常规”区域中设置对齐方式为“两端对齐”，在“缩进”区域中设置“特殊”为“无”，单击“确定”按钮。

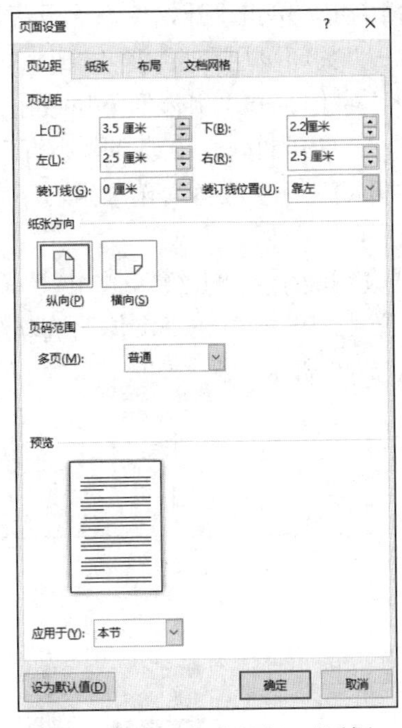

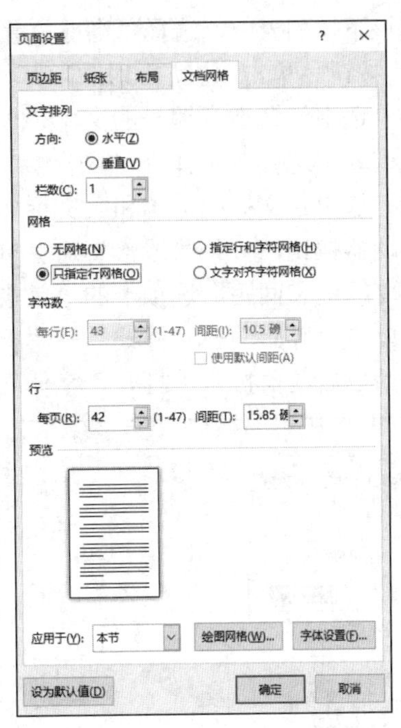

图 5-35　“页面设置”对话框

图 5-36　“页面设置”对话框—“文档网格”选项卡

（3）单击“插入”→“页眉和页脚”→“页脚”按钮，在打开的下拉列表中选择“编辑页脚”命令，单击“页眉和页脚工具”→“页眉和页脚”→“页码”按钮，打开下拉列表如图 5-38 所示。

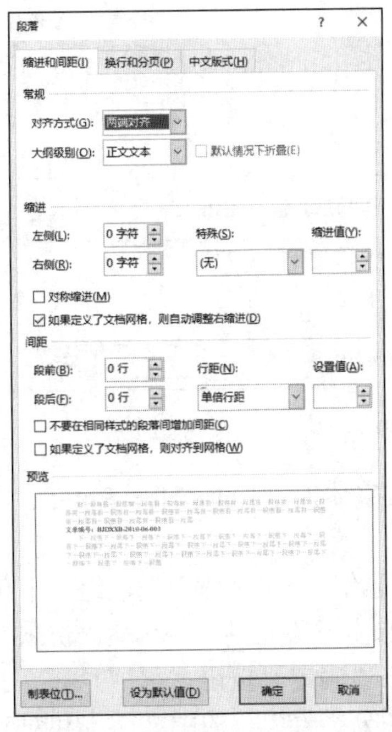

图 5-37　“段落”对话框（1）

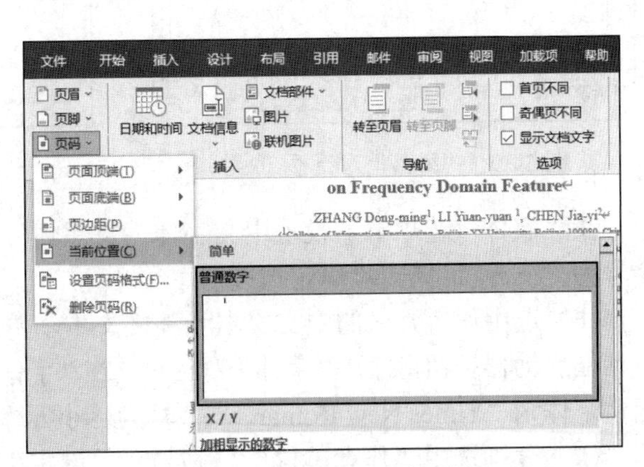

图 5-38　“页码”下拉列表

在该下拉列表中，选择“当前位置”中的“普通数字”。单击“开始”→“段落”→“居中”按钮。单击“页眉和页脚工具”→“关闭”→“关闭页眉和页脚”按钮。

（4）选中设置文章编号的文本，单击“开始”→“字体”→“字体”下拉按钮，在打开的列表中选择“黑体”；单击“字号”下拉按钮，在打开的列表中选择“小五”。

（5）选中中文标题文本和英文标题文本，单击“开始”→“段落”选项组右下角对话框启动器按钮，打开“段落”对话框，如图 5-39 所示。

在“缩进和间距”选项卡的“常规”栏中，设置大纲级别为“1 级”，单击“确定”按钮。单击“开始”→“样式”→“标题 1”样式。单击“开始”→“字体”选项组右下角对话框启动器按钮，打开“字体”对话框，如图 5-40 所示。

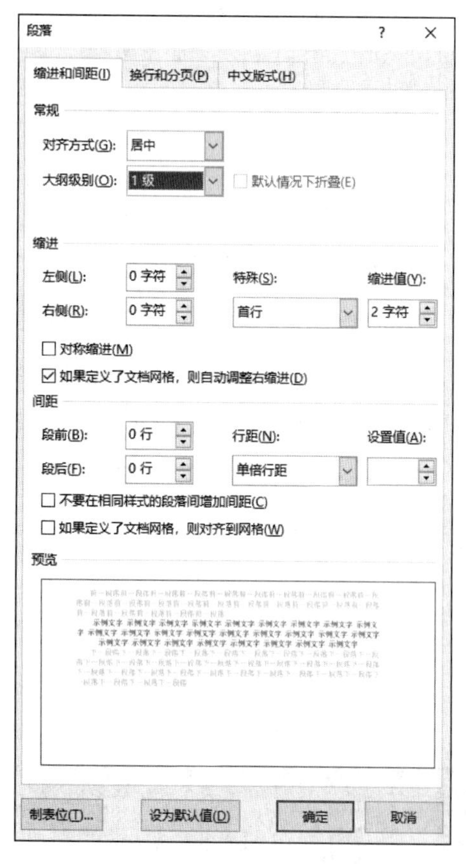

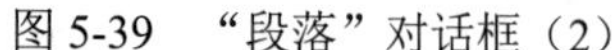
图 5-39 “段落”对话框（2）

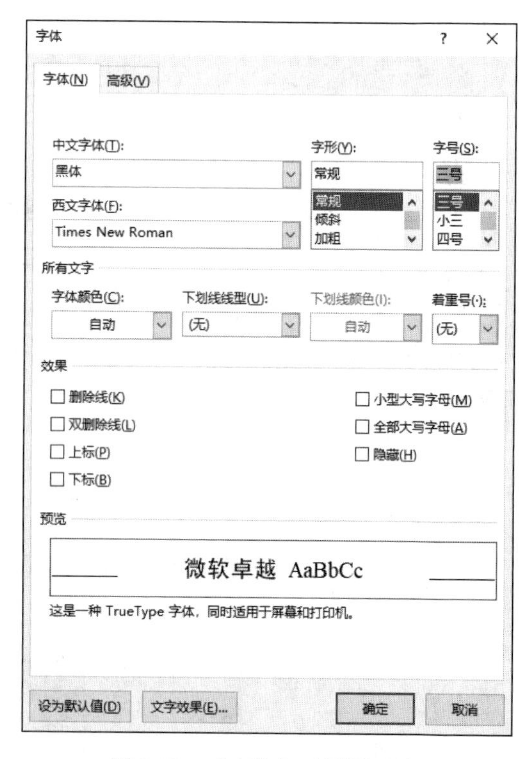

图 5-40 “字体”对话框（1）

在“字体”选项卡下设置中文字体为“黑体”，西文字体为“Times New Roman”，字号为“三号”，单击“确定”按钮。

（6）选中作者姓名的中文文本和英文文本，单击“开始”→“字体”选项组右下角对话框启动器按钮，打开“字体”对话框，在“字体”选项卡下设置中文字体为“仿宋”，西文字体为“Times New Roman”，字号为“小四”，单击“确定”按钮。

（7）分别选中“作者单位”“摘要”“关键字”“中图分类号”等的中文文本和对应的英文文本，单击“开始”→“字体”选项组右下角对话框启动器按钮，打开“字体”

对话框，在“字体”选项卡下设置中文字体为“宋体”，西文字体为“Times New Roman”，字号为“小五”，单击“确定”按钮。

（8）按住 Ctrl 键，分别选中“摘要”“关键字”“中图分类号”“文献标志码”“Abstract”“Keywords”文本，单击“开始”→“字体”→“字体”下拉按钮，在打开的列表中选择“黑体”。

（9）分别选中“作者姓名”后面和“作者单位”前面的数字，单击“开始”→“字体”选项组右下角对话框启动器按钮，打开“字体”对话框，如图 5-41 所示。

在“字体”选项卡下的“效果”栏选中“上标”复选框，单击“确定”按钮。

（10）选中正文文本和参考文献列表文本，单击“布局”→“页面设置”→“栏”按钮，在打开的下拉列表中选择“两栏”命令，如图 5-42 所示。

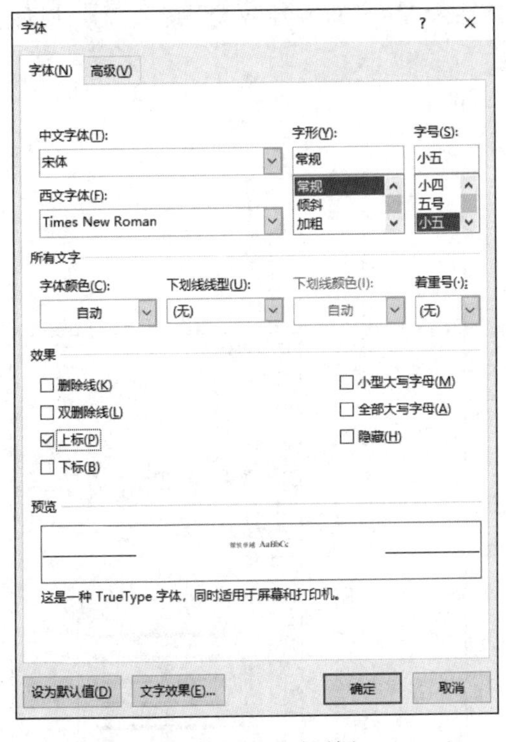

图 5-41　“字体”对话框（2）

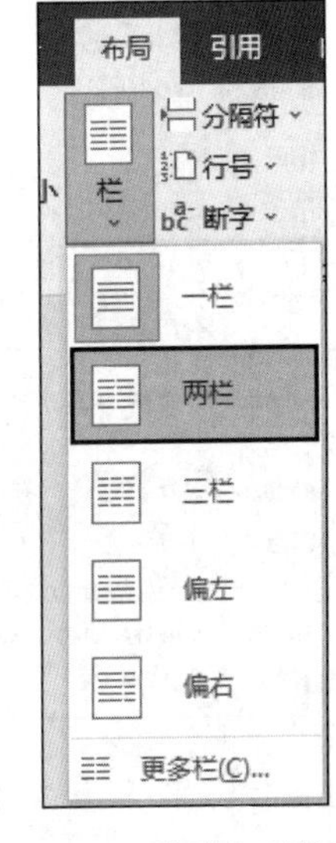

图 5-42　“分栏”下拉列表

（11）选中正文第一段文本，单击“开始”→“编辑”→“选择”按钮，在打开的下拉列表中选择“选择格式相似的文本”命令，按住 Ctrl 键，选中参考文献的英文文本，单击“开始”→“字体”选项组右下角对话框启动器按钮，打开“字体”对话框，在“字体”选项卡下设置中文字体为“宋体”，西文字体为“Times New Roman”，字号为“五号”，单击“确定”按钮。

（12）再次选中步骤（11）中的文本，单击“开始”→“段落”选项组右下角对话框启动器按钮，打开“段落”对话框，如图 5-43 所示。在“缩进和间距”选项卡下设置“特殊”为“首行”，缩进值为“2 字符”，设置行距为“单倍行距”，单击“确定”按钮。

（13）选中所有的中文表注和英文表注，单击“开始”→“字体”选项组右下角对话框启动器按钮，打开“字体”对话框，在“字体”选项卡下设置中文字体为“黑体”，西文字体为“Times New Roman”，字号为“小五”，单击“确定”按钮，单击“开始”→“段落”→“居中”按钮。

（14）选中所有的中文图注和英文图注，单击“开始”→“字体”选项组右下角对话框启动器按钮，打开“字体”对话框，在“字体”选项卡下设置中文字体为“宋体”，西文字体为“Times New Roman”，字号为“小五”，单击“确定”按钮。单击“开始”→“段落”→“居中”按钮。

（15）选中参考文献文本，单击“开始”→“字体”选项组右下角对话框启动器按钮，打开“字体”对话框，在“字体”选项卡下设置中文字体为“宋体”，西文字体为“Times New Roman”，字号为“小五”，单击“确定”按钮。单击“开始”→“段落”→“编号”下拉按钮，在打开的下拉列表中选择“定义新编号格式”选项，打开“定义新编号格式”对话框，如图 5-44 所示。

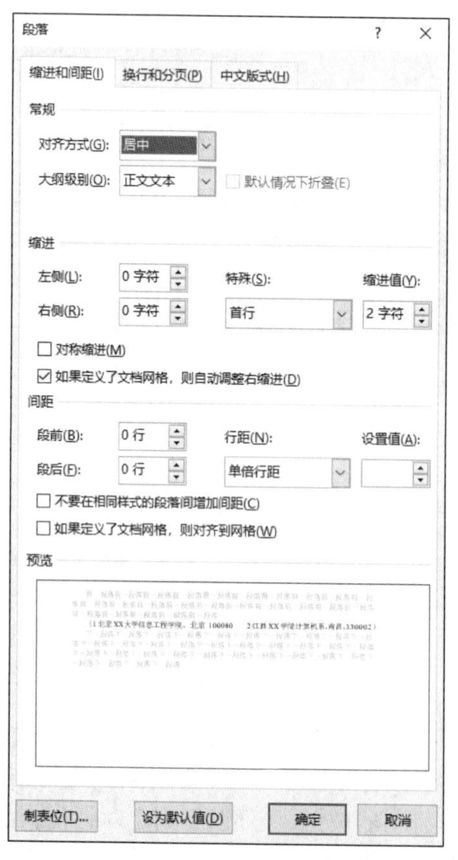

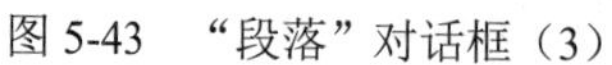
图 5-43 “段落”对话框（3）

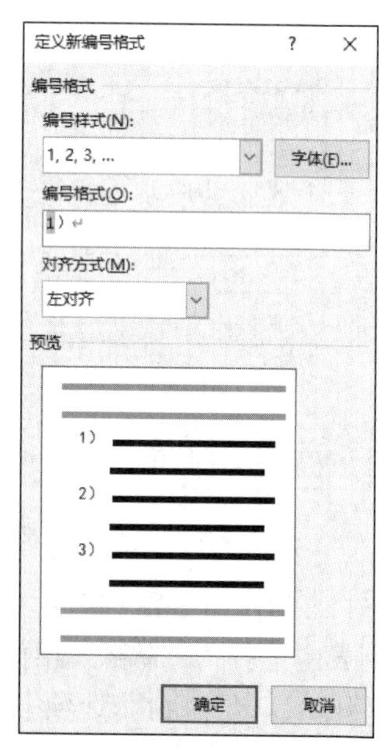

图 5-44 “定义新编号格式”对话框

在“编号样式”中选择“1,2,3,…”，在“编号格式”中设置为“1)”，单击“确定”按钮。

（16）选中第一个紫色文本“FD 和 WD 的描述性对比”，右击“开始”→“样式”→“标题 2”样式，在弹出的快捷菜单中选择“修改”命令，打开“修改样式”对话框，如

图 5-45 所示。

在“格式”组中设置字体为“黑体”，字号为“四号”，字体颜色为“黑色”；单击“格式”按钮，在打开的下拉列表中选择“段落”选项，打开“段落”对话框，如图 5-46 所示。

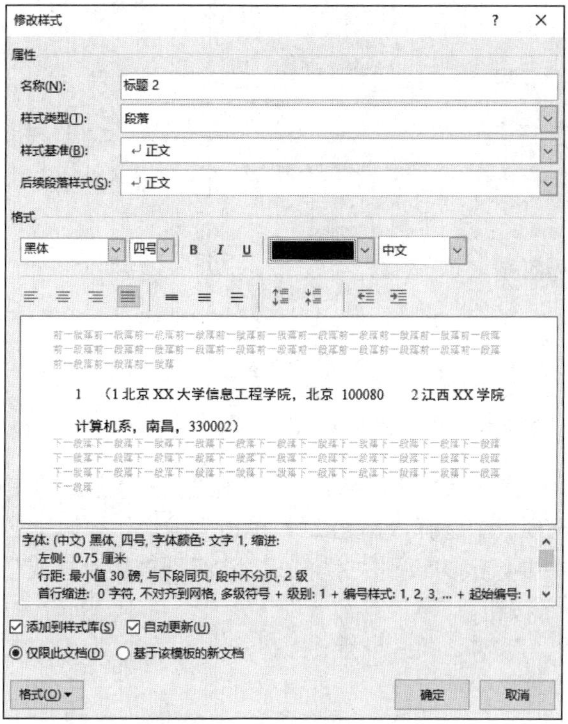

图 5-45　“修改样式”对话框

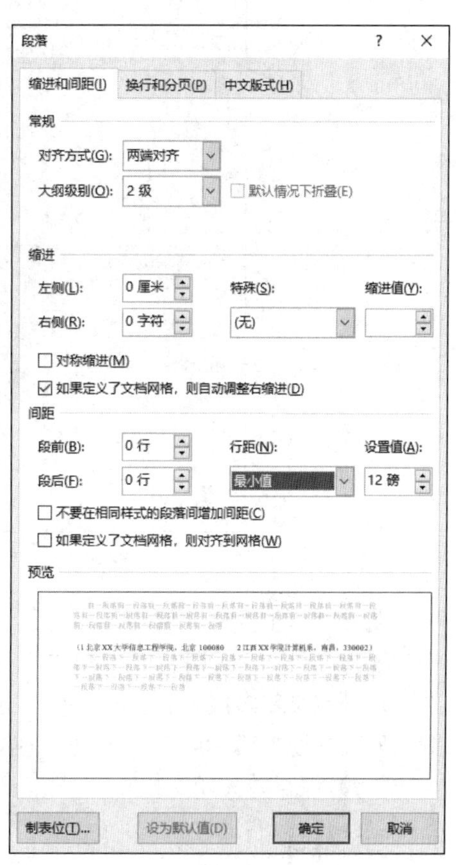

图 5-46　“段落”对话框（4）

在该对话框的“缩进和间距”选项卡下，设置大纲级别为“2 级”，行距为“最小值”，设置值为“30 磅”，单击“确定”按钮。用相同的方法将同级别的其他文本设置为“标题 2”样式。

（17）选中文本“FD 的不变性分析”，右击“开始”→“样式”→“标题 3”样式，在弹出的快捷菜单中选择“修改”命令，打开“修改样式”对话框，在“格式”栏中设置字体为“黑体”，字号为“五号”，字体颜色为“黑色”；单击“格式”按钮，在打开的下拉列表中选择“段落”选项，打开“段落”对话框，在“缩进和间距”选项卡下设置大纲级别为“3 级”，段前和段后的间距均为“3 磅”，行距为“最小值”，设置值为“18 磅”，单击“确定”按钮。用相同的方法将文章中剩余的蓝色文本设置为“标题 3”样式。

（18）选中设置为“标题 2”样式的文本，单击“开始”→“段落”→“多级列表”按钮，在打开的下拉列表中选择“定义新的多级列表”选项，打开“定义新多级列表”对话框，如图 5-47 所示。

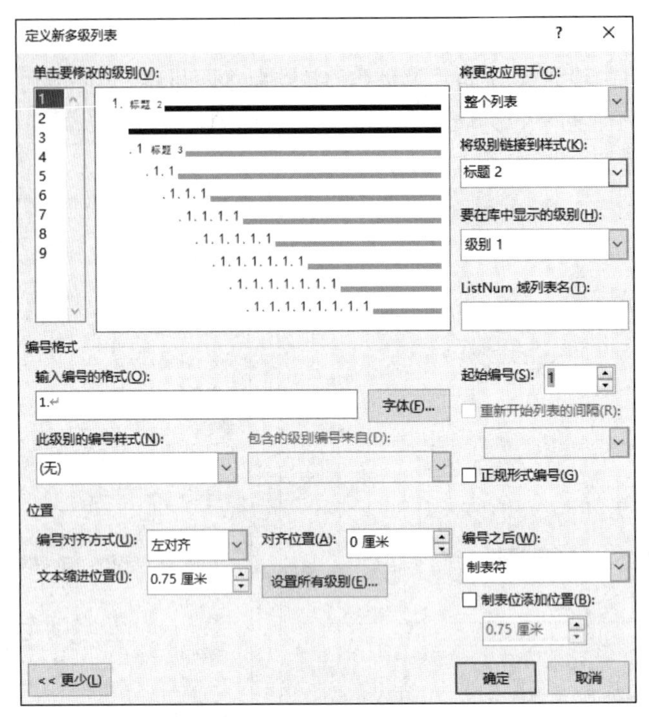

图 5-47 “定义新多级列表”对话框

设置“单击要修改的级别”为“1”，设置“输入编号的格式”为“1. ”，单击“更多”按钮，在“将级别链接到样式”下拉列表中选择“标题 2”，单击“确定”按钮；再次打开“定义新多级列表”对话框，选中要修改的级别“2”，在“将级别链接到样式”下拉列表中选择“标题 3”，单击“确定”按钮。

（19）保存并关闭文档。

四、实验练习题

1. 打开素材“统计工作年报.docx”文档，按照以下要求进行操作。

（1）将文档中的西文空格全部删除。

（2）将纸张大小设置为“16 开”，上页边距设置为“3.2 厘米”，下页边距设置为“3 厘米”，左、右页边距均设置为“2.5 厘米”。

（3）利用素材前三行内容为文档制作一个封面页，令其独占一页。

（4）将文档中以“一、”“二、”……开头的段落设为“标题 1”样式；以“（一）”“（二）”……开头的段落设为“标题 2”样式；以“1.”“2.”……开头的段落设为“标题 3”样式。

（5）在正文第三段中“统计局政府网站”后添加脚注，内容为“http://www.bjstats.gov.cn”。

（6）将除封面页外的所有内容分为两栏显示。

（7）在封面页与正文之间插入目录，目录要求包含一、二、三级标题及其对应页号。目录单独占用一页，并且无须分栏。

（8）除封面页和目录页外，在正文页上添加页眉，页眉内容为文档标题“政府信息公开工作年度报告”和页码，要求正文页码从第一页开始，其中奇数页页眉居右显示，页码在标题右侧；偶数页页眉居左显示，页码在标题左侧。

2. 打开素材“会计电算化节节高升.docx”文档，按照以下要求进行操作。

（1）页面设置。设置纸张大小为“16 开”，上页边距为“2.5 厘米”，下页边距为“2 厘米”，左页边距为“2.5 厘米”，右页边距为“2 厘米”，装订线为“1 厘米”，页脚距边界为“1 厘米”。

（2）书稿中包含三个级别的标题，分别用“（一级标题）”“（二级标题）”“（三级标题）”字样标出。对书稿应用样式、多级列表及样式格式进行相应修改。

（3）样式应用结束后，将书稿中各级标题文字后面括号中的提示文字及括号“（一级标题）”“（二级标题）”“（三级标题）”全部删除。

（4）若书稿中有若干表格及图片，则分别在表格上方和图片下方的说明文字左侧添加题注，如“表 1-1”“表 2-1”“图 1-1”“图 2-1”等。其中，连字符“-”前面的数字代表章号、后面的数字代表图表的序号，各章节的图和表分别连续编号。添加完毕后，将样式“题注”的格式修改为“仿宋”“小五”“居中”。

（5）在书稿中显示红色文字的位置，为前两个表格和前三个图片设置自动引用其题注号。为第二张表格“表 1-2 好朋友财务软件版本及功能简表”套用一个合适的表格样式，保证表格第一行在跨页时能够自动重复，并且表格上方的题注与表格总在同一页上。

（6）在书稿的最前面插入目录，要求包含一、二、三级标题及其对应页号。目录、书稿的每一章均为独立的一节，每一节的页码均以奇数页为起始页码。

（7）目录与书稿的页码分别独立编排，目录页码使用大写罗马数字（Ⅰ,Ⅱ,Ⅲ,…），书稿页码使用阿拉伯数字（1,2,3,…）且各章节间连续编码。除目录首页和每章首页不显示页码外，其余页面要求奇数页页码在页脚右侧显示，偶数页页码在页脚左侧显示。

（8）将文件夹下的图片“Tulips.jpg”设置为该文档的水印，水印处于书稿页面的中间位置，图片设置为“冲蚀效果”。

实验六　邮 件 合 并

一、实验任务

某公司举办一个产品说明会，市场部需要在会议邀请函制作完成后将其寄送给公司相关客户。效果参考图如图 5-48 所示。

二、实验要求

打开素材“产品说明.docx”文档，按照以下要求进行操作。

（1）将正文中“会议议程：”之后的 7 行文字转换为 7 行 3 列的表格（图 5-48），并根据窗口大小自动调整表格列宽。为制作完成的表格设置一种套用表格样式，使表格更加美观。

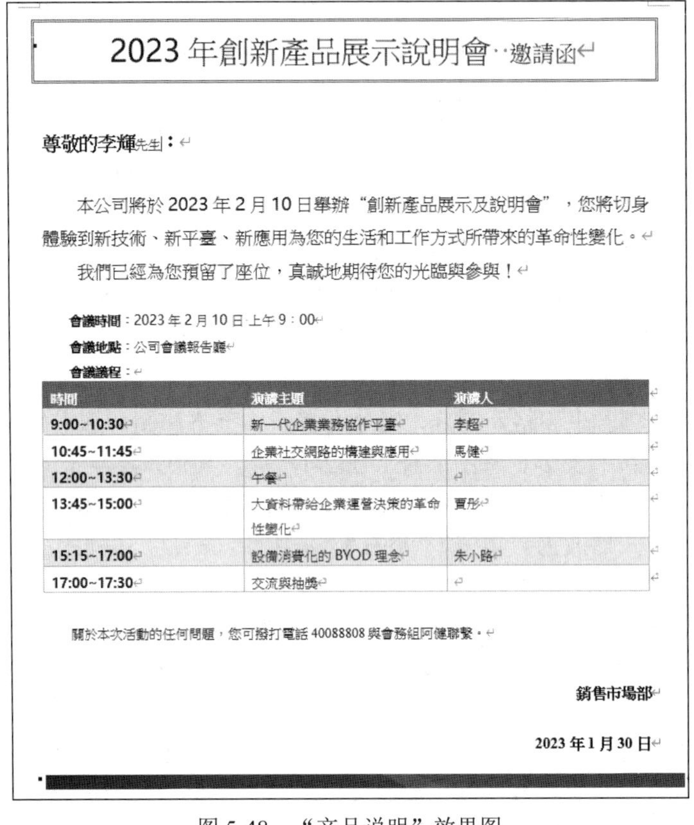

2023年創新產品展示說明會 邀請函

尊敬的李輝先生：

本公司將於2023年2月10日舉辦“創新產品展示及說明會”，您將切身體驗到新技術、新平臺、新應用為您的生活和工作方式所帶來的革命性變化。

我們已經為您預留了座位，真誠地期待您的光臨與參與！

會議時間：2023年2月10日 上午9：00

會議地點：公司會議報告廳

會議議程：

時間	演講主題	演講人
9:00~10:30	新一代企業業務協作平臺	李超
10:45~11:45	企業社交網路的構建與應用	馬健
12:00~13:30	午餐	
13:45~15:00	大資料帶給企業運營決策的革命性變化	賈彤
15:15~17:00	設備消費化的 BYOD 理念	朱小路
17:00~17:30	交流與抽獎	

關於本次活動的任何問題，您可撥打電話 40088808 與會務組阿健聯繫。

銷售市場部

2023年1月30日

图 5-48 “产品说明”效果图

（2）将文档末尾处的日期调整为“自动更新”格式，日期格式显示为“2023 年 1 月 30 日”。

（3）在“尊敬的”文字后面插入拟邀请的客户的姓名和称谓。拟邀请的客户姓名在数据源“通讯录.xlsx”文件中，客户称谓则根据客户性别自动显示为“先生”或“女士”。

（4）每个客户的邀请函占一页内容，新生成的邀请函文档另存为“Word-邀请函.docx”文件中。

（5）由于本次会议邀请的客户均来自台资企业，因此将“Word-邀请函.docx”文件中的所有文字内容设置为“繁体中文”格式，以便客户阅读。

（6）文档制作完成后，分别保存“产品说明.docx”文件和“Word-邀请函.docx”文件。

三、实验步骤

（1）打开素材“产品说明.docx”文档。

（2）选中“会议议程：”之后的 7 行文字，单击“插入”→“表格”→“表格”按钮，在打开的下拉列表中选择“文本转换成表格”选项，打开“将文字转换成表格”对话框，如图 5-49 所示。在“自动调整操作栏”中选中“根据窗口调整表格”单选按钮，单击“确定”按钮。

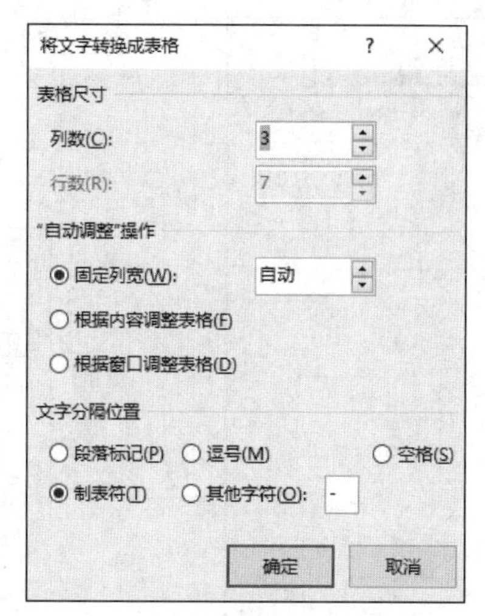

图 5-49　“将文字转换成表格”对话框

（3）选中表格，单击“表格工具-表设计”→“表格样式”→“其他”按钮，选中一种表格样式，如图 5-50 所示。

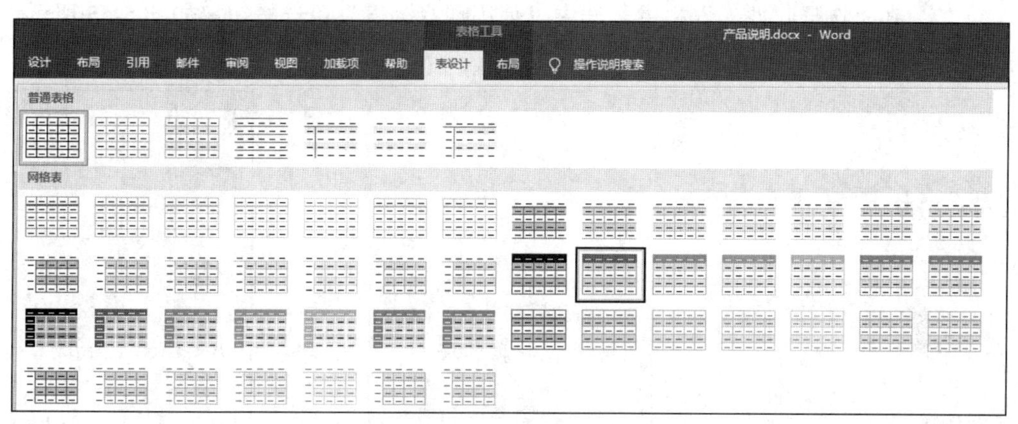

图 5-50　表格样式

（4）选中文档中的最后一个日期文本“2022 年 10 月 20 日”，单击“插入”→“文本”→“日期和时间”按钮，打开“日期和时间”对话框，如图 5-51 所示。在“语言（国家/地区）”下拉列表中选择“简体中文（中国大陆）”选项，在“可用格式”列表中选择“2023 年 1 月 30 日”，选中“自动更新”复选框，单击“确定”按钮。

（5）插入点定位在文本“尊敬的”之后，单击“邮件”→“开始邮件合并”→“开始邮件合并”按钮，在打开的下拉列表中选择“邮件合并分步向导”，打开“邮件合并”任务窗格。

（6）在“选择文档类型”栏中，选中“信函”单选按钮，如图 5-52 所示。

（7）单击任务窗格下方的“下一步：开始文档”按钮。

（8）在任务窗格的“选择开始文档”栏中，选中“使用当前文档”单选按钮，如图 5-53 所示。

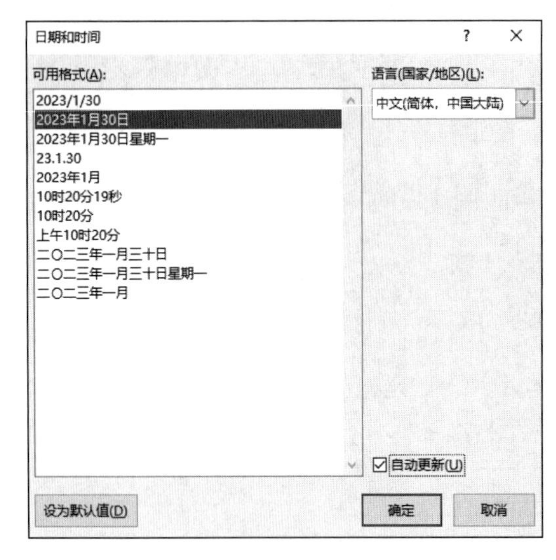

图 5-51 “日期和时间”对话框

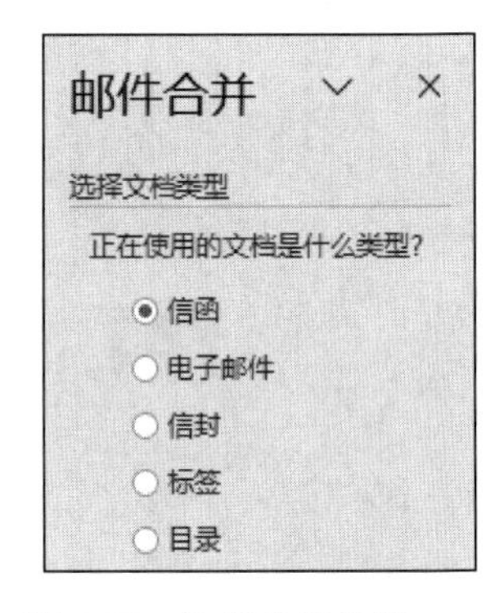

图 5-52 选择文档类型

（9）单击“下一步：选择收件人”按钮，如图 5-54 所示。

（10）在“选择收件人”栏中，选中“使用现有列表”单选按钮，如图 5-55 所示。单击“浏览”按钮。

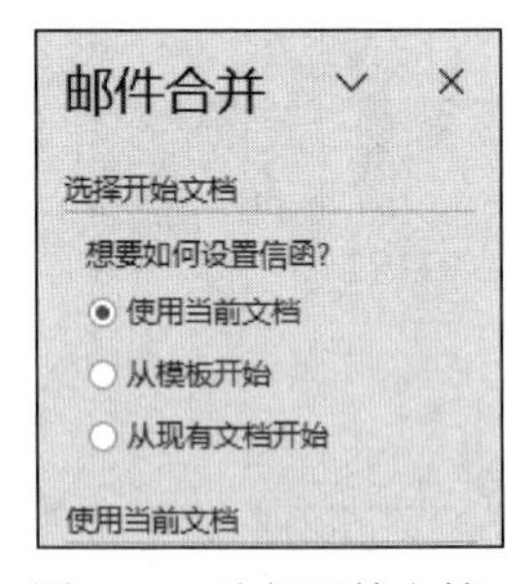

图 5-53 选择开始文档

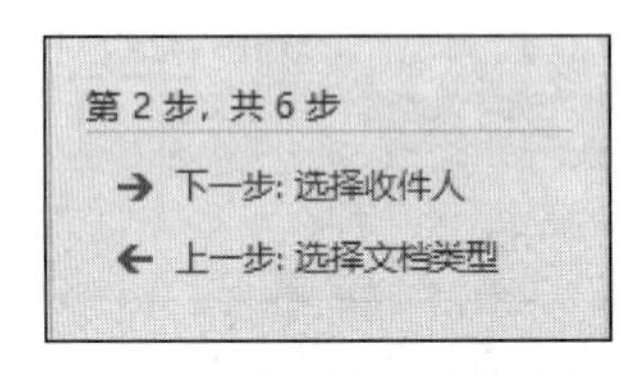

图 5-54 “下一步：选择收件人”选项

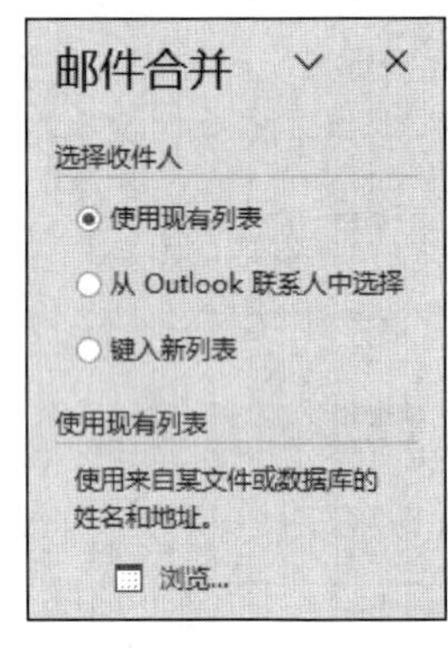

图 5-55 选择收件人

（11）打开“选取数据源”对话框，找到“通讯录.xlsx”文件所在位置。

（12）打开“选择表格”对话框，选中“通讯录”，如图 5-56 所示，单击“确定”按钮。

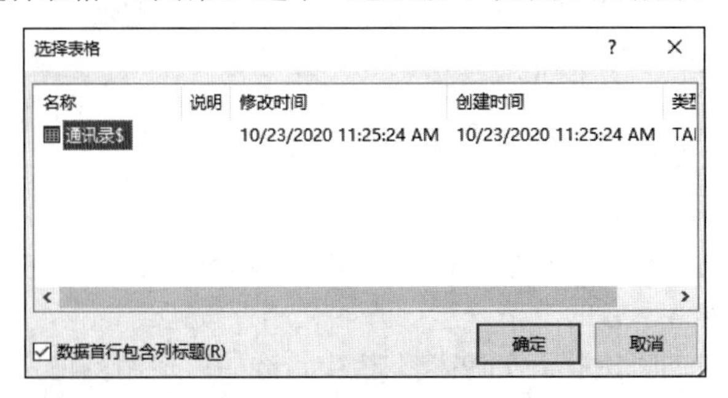

图 5-56 “选择表格”对话框

（13）打开“邮件合并收件人”对话框，如图5-57所示，单击“确定”按钮。

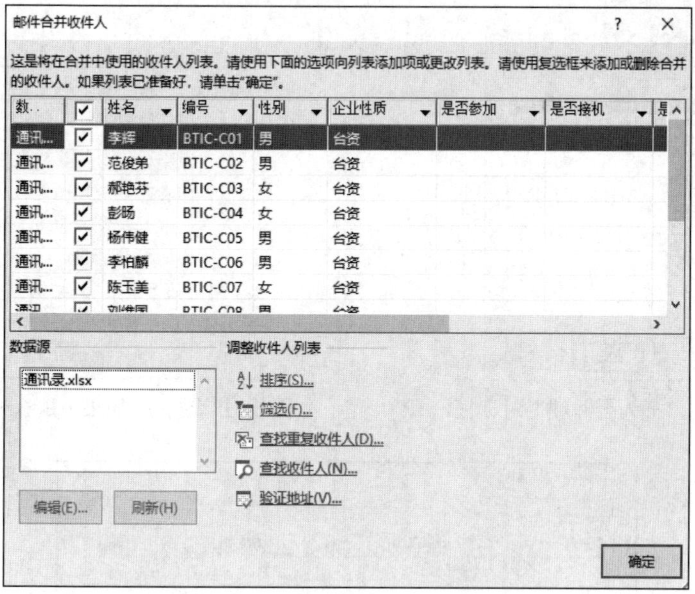

图5-57　“邮件合并收件人”对话框

（14）单击“下一步：撰写信函”按钮，如图5-58所示。

（15）在“撰写信函”栏中，单击“其他项目”图标，如图5-59所示。

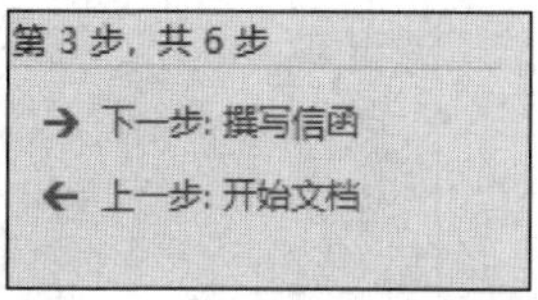

图5-58　“下一步：撰写信函”选项

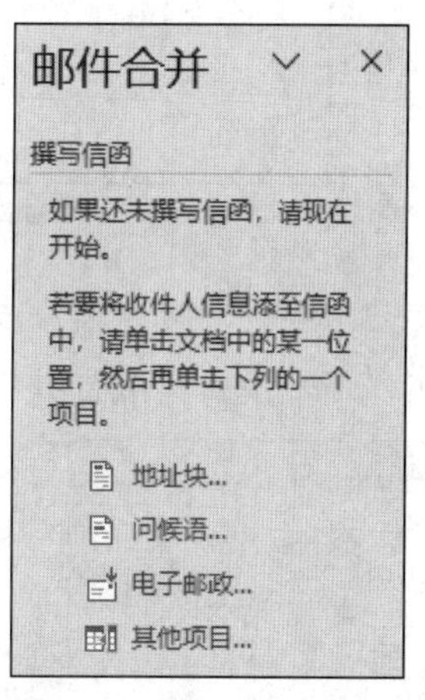

图5-59　选择“其他项目”

（16）打开“插入合并域”对话框，在“域”列表中选择“姓名”，如图5-60所示。单击“插入”按钮，最后单击“关闭”按钮。

（17）单击“邮件”→“编辑和插入域”→“规则”按钮，在打开的下拉列表中选择“如果…那么…否则…”选项，如图5-61所示。

（18）打开“插入Word域：如果”对话框，如图5-62所示。在“如果”栏中的“域名”下拉列表中选择“性别”，在“比较对象”文本框中输入“男”，在“则插入此文字”文本框中输入“先生”，在“否则插入此文字”文本框中输入“女士”，单击“确定”按钮。

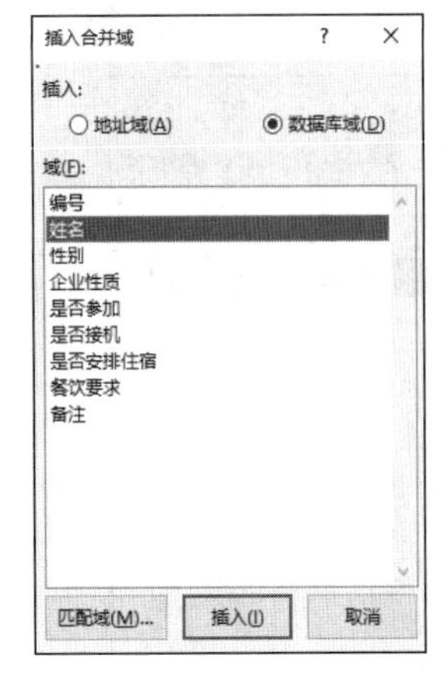

图 5-60 “插入合并域”对话框

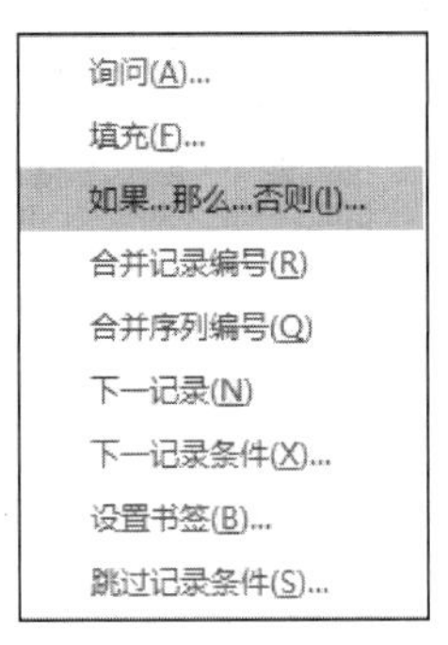

图 5-61 选择“如果…那么…否则”选项

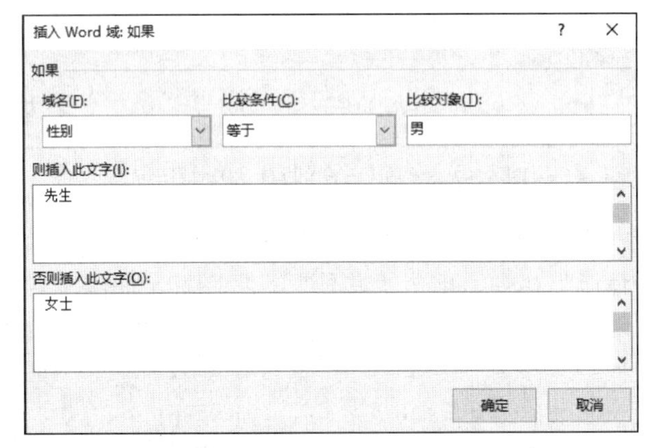

图 5-62 “插入 Word 域：如果”对话框

（19）单击“下一步：预览信函”按钮，如图 5-63 所示。

（20）单击“下一步：完成合并”按钮，如图 5-64 所示。

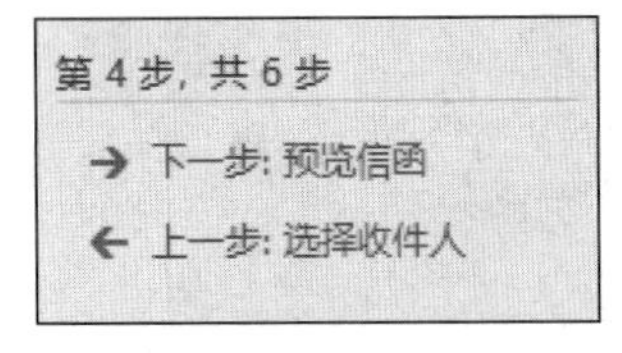

图 5-63 “下一步：预览信函”选项

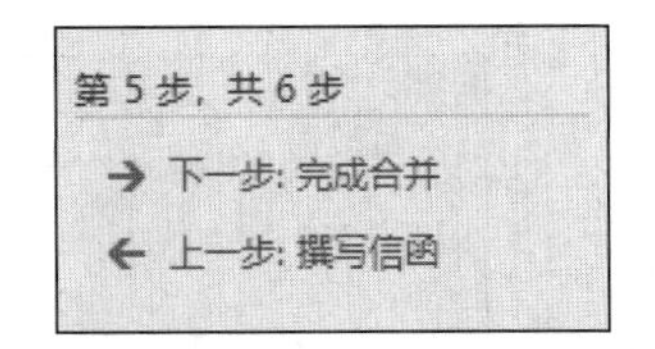

图 5-64 “下一步：完成合并”选项

（21）在任务窗格的“合并”栏中单击“编辑单个信函”按钮，如图 5-65 所示。

（22）打开“合并到新文档”对话框，如图 5-66 所示，单击“确定”按钮。

（23）在新生成的文档“信函 1”中，选择“文件”→“另存为”选项，打开“另存为”窗口，单击“浏览”按钮。打开“另存为”对话框，保存位置选择“实验六邮件合并”文件夹，文件名为“Word-邀请函”，单击“保存”按钮。

（24）在“Word-邀请函”文档中，单击“审阅”→“中文简繁转换”→“简转繁”按钮，如图 5-67 所示。

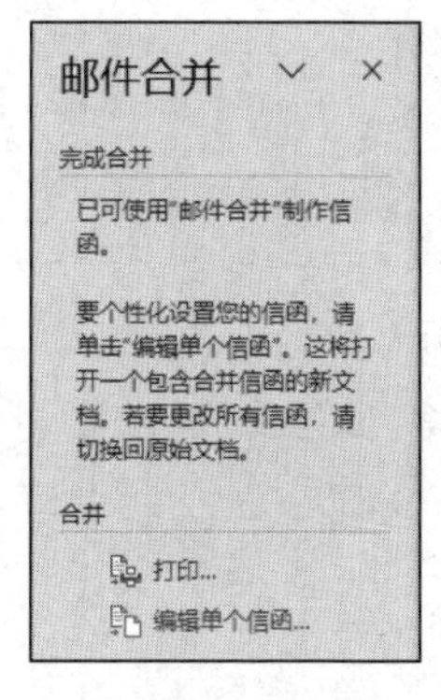

图 5-65 “编辑单个信函”命令

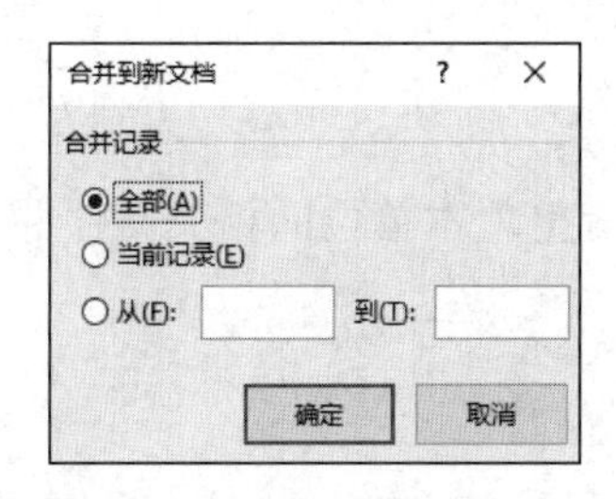

图 5-66 “合并到新文档”对话框

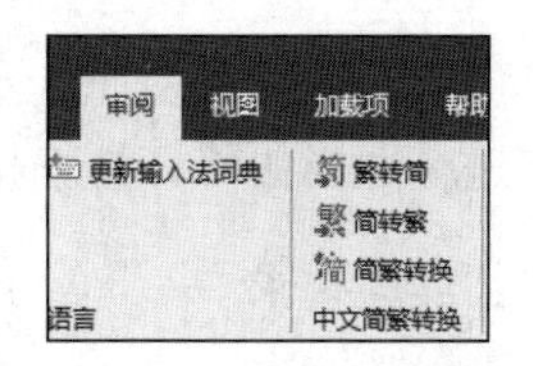

图 5-67 “简转繁”按钮

（25）分别保存“产品说明.docx”文档和“Word-邀请函.docx”文档，然后关闭文档。

四、实验练习题

1. 打开素材“交流会.docx”文档，按照以下要求进行操作。

（1）页面设置。设置页面高度为“18 厘米”，宽度为“30 厘米”，上、下页边距均为“2 厘米”，左、右页边距均为“3 厘米”。

（2）设置页面背景为“背景图片.jpg”。

（3）适当调整邀请函中内容文字的字体、字号和颜色。

（4）设置文档中段落的对齐方式。

（5）设置适当的段落间距。

（6）在“尊敬的”和“(老师)”之间插入拟邀请的专家或老师的姓名，拟邀请的专家和老师的姓名在“专家名单.xlsx”文件中。新生成的邀请函另存为“Word-邀请函.docx”，并保存于“Word.docx”文件中。

2. 新建名为“请柬.docx”的文档，按照下列要求进行操作。

（1）制作一份请柬，以“董事长：王海龙”名义发出邀请，请柬中需要包含“标题”“收件人名称”“联谊会时间”“联谊会地点”“邀请人”。（内容参考：新年将至，公司定于 2023 年 1 月 5 日下午 3:00，在中关村××大厦写字大楼五层多功能厅举办一场联谊会。公司联系电话为 010-66668888。）

（2）适当改变字体、加大字号；适当设置行间距和段间距；适当设置首行缩进和左右缩进。

（3）在请柬的左下角位置插入“图片 1”，调整其大小及位置，不影响文字排列，不遮挡文字内容。

（4）加大文档的上边距；为文档添加页眉，页眉内容为“本公司的联系电话”。

（5）运用“邮件合并”功能，将“重要客户名单.xlsx”中的客户姓名插入文档中，将新生成的文档以“请柬 1.docx”为文件名保存于主文档“请柬.docx”中。

实验七　修订与编排

一、实验任务

某企业一名文职人员负责整理本单位的相关文件并下发至各部门，现在需要对文件进行适当的修订与编排。

二、实验要求

打开素材“企业相关文件.docx”文档，按照以下要求进行操作。

（1）页面布局。设置纸张大小为“A4”，设置对称页边距，上页边距为“2.5 厘米”，下页边距为“2 厘米”，内侧页边距为“2.5 厘米”，外侧页边距为“2 厘米”，装订线为“1 厘米”，页眉页脚距边界均为“1 厘米”。

（2）利用“样式.docx”文档中的样式“标题 1”“标题 2”“正文 1”“正文 2”“正文 3”分别替换“企业相关文件.docx”中的同名样式。

（3）适当调整每个章节的起始编号，使每个“标题 1”样式下的章、条均自编号一开始。

（4）将原文中重复的手动纯文本编号“第一章”“第二章”……“第十二章”与“第一条”“第二条”……“第四十九条”及其右侧的两个空格删除。

（5）在文本“第七章贷款偿还与回收”下红色标注文字“【在此插入公式】”处插入公式（图 5-68）。

$$R = P_0 \cdot I \cdot \frac{(1+I)^{n\cdot 12-1}}{(1+I)^{n\cdot 12-1}-1} + (P-P_0)\cdot I$$

图 5-68　公式效果图

三、实验步骤

（1）打开素材“企业相关文件.docx”文档。

（2）单击“布局”→“页面设置”选项组右下角对话框启动器按钮，打开“页面设置”对话框，如图 5-69 所示。在“页边距”选项卡下“页码范围”栏中设置“多页”为“对称页边距”；在“页边距”栏中设置上页边距为“2.5 厘米”，下页边距为“2 厘米”；内侧页边距为“2.5 厘米”，外侧页边距为“2 厘米”，装订线设置为“1 厘米”。

（3）切换到“纸张”选项卡，将纸张大小设置为“A4”；切换到“布局”选项卡，在“页边界”区域中设置页眉和页脚均为“1 厘米”。

（4）单击“开始”→“样式”选项组右下角对话框启动器按钮，打开“样式”任务窗格，如图 5-70 所示。单击“管理样式”按钮，打开“管理样式”对话框，如图 5-71 所示。

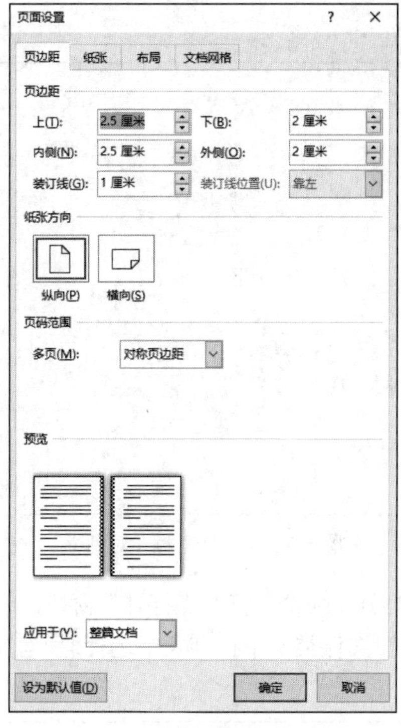

图 5-69　“页面设置”对话框

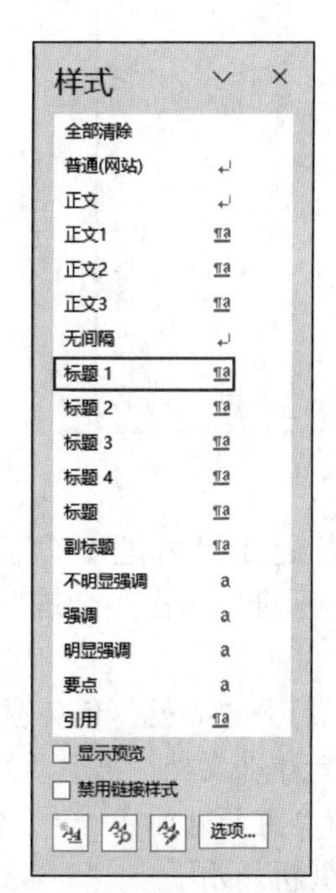

图 5-70　“样式”任务窗格图

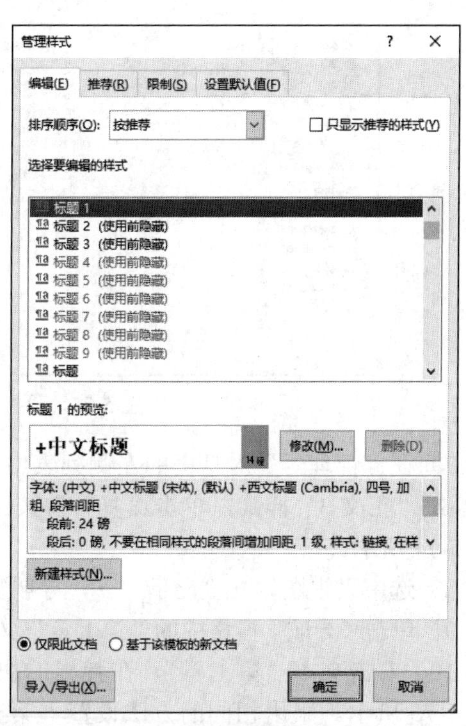

图 5-71　“管理样式”对话框

（5）单击“导入/导出”按钮，打开“管理器”对话框，如图 5-72 所示。单击右侧下方的“关闭文件”按钮。

图 5-72 “管理器”对话框

（6）选择“文件”→“打开”命令，打开“打开”窗口，单击“浏览”按钮，打开“打开”对话框，如图 5-73 所示。在文件类型下拉列表中选择“所有文件”选项，选择“样式.docx”文档，单击“打开”按钮。

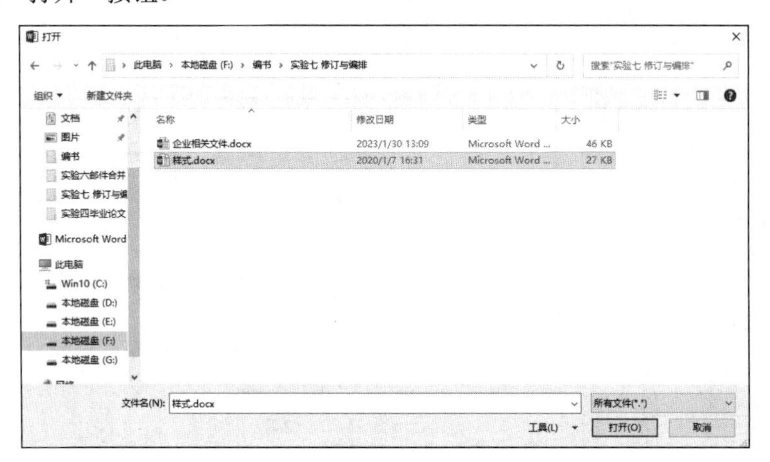

图 5-73 “打开”对话框

（7）在“管理器”对话框的左侧列表中，分别选中“标题 1”“标题 2”“正文 1”“正文 2”“正文 3”样式，单击“复制”按钮，在弹出的提示框中单击“全是”按钮，如图 5-74 所示。

（8）选中“视图”→“显示”→“导航窗格”复选框，打开“导航”任务窗格。

（9）单击“导航”窗格中的“第七章”文本，将插入点定位在文档“第七章”位置。

（10）右击文本“第七章”，在弹出的快捷菜单中选择“重新开始于 一”命令，如图 5-75 所示。采用相同的方法设置“第五十条”为“重新开始于 一”。

（11）单击“开始”→“编辑”→“替换”按钮，打开“查找与替换”对话框，如图 5-76 所示。单击“更多”按钮，选择“使用通配符”复选框。

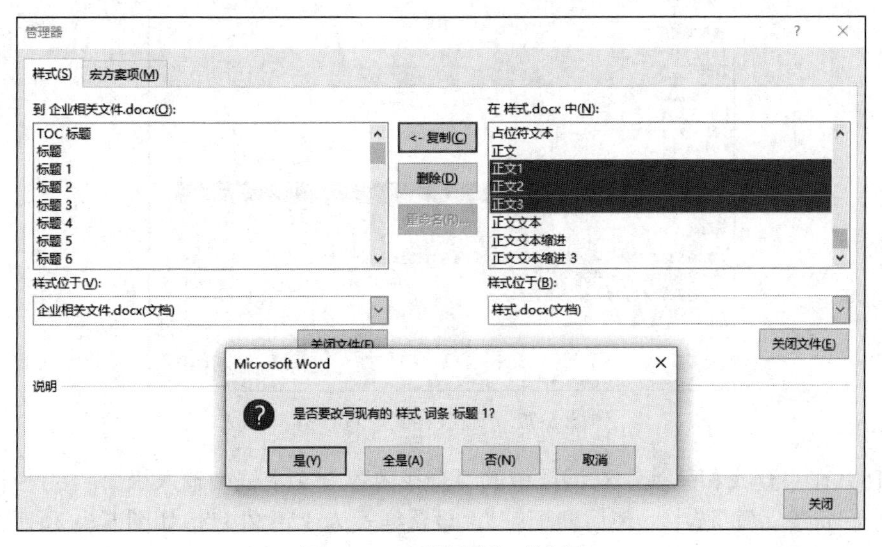

图 5-74　“管理器”对话框

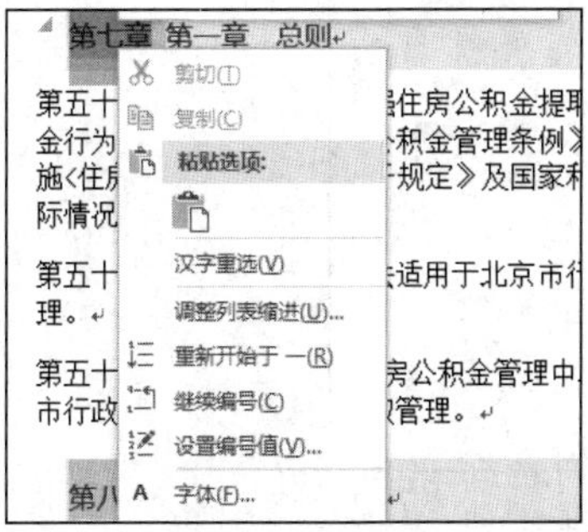

图 5-75　设置“重新开始于 一”

图 5-76　“查找和替换”对话框

（12）切换到“替换”选项卡，在“查找内容”文本框中输入“第[一二三四五六七八九十]@章　”（在“章”的后面输入两个半角空格）。

（13）单击“格式”按钮，在打开的下拉列表中选择“样式”命令，打开“查找样式”对话框，如图 5-77 所示。在“查找样式”下拉列表中选择“标题 2”，单击“确定”按钮。

（14）单击“查找和替换”→“替换”→“全部替换”按钮，并关闭对话框。

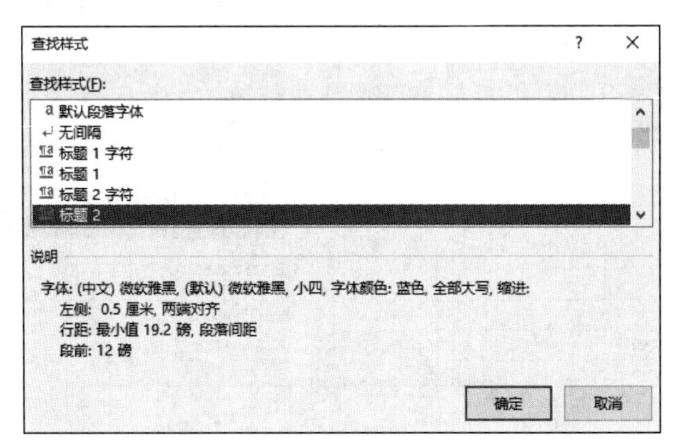

图 5-77 “查找样式”对话框

（15）在“查找和替换”对话框中的“查找内容”文本框中输入“第[一二三四五六七八九十]@条 ”，选中“使用通配符”，设置样式为“正文 1”，如图 5-78 所示。单击“全部替换”按钮，并关闭对话框。

图 5-78 “查找和替换”对话框

（16）插入点定位在“第七章”内容下“【在此插入公式】”文本后，并将“【在此插入公式】”文本删除。

（17）单击“插入”→“符号”→“公式”按钮，在打开的下拉列表中选择“插入新公式”选项。

（18）在“公式”文本框中输入“R=”，单击“公式工具-设计”→“结构”→“上下标”按钮，在打开的下拉列表中选择“下标”选项，如图 5-79 所示，在对应位置分别输入“P”和“0”。

（19）单击“符号”→“其他”按钮，在打开的下拉列表中选择“加重号运算符”，如图 5-80 所示。输入“I”和“加重号运算符”。

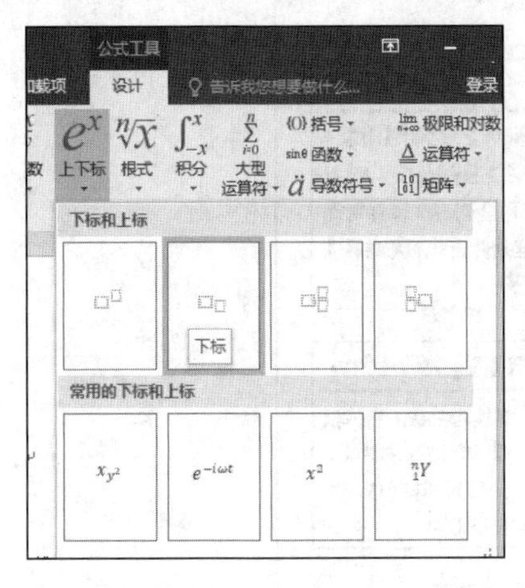

图 5-79　“下标”位置

图 5-80　“符号”列表

（20）单击“结构”→“分数”按钮，在打开的下拉列表中选择“分数/竖式”选项。

（21）插入点定位在分子，单击“结构”→“上下标”按钮，在打开的下拉列表中选择“上标”选项，分别输入“(1+I)”和“n·12－1”。

（22）插入点定位在分母，用相同的方法完成分母的输入。

（23）输入“+（P−”。

（24）与步骤（18）相同，输入“P_0”和“)”。

（25）用相同的方法输入“·I”。

（26）保存并关闭文档。

四、实验练习题

1. 打开素材“图形与公式.docx”文档，按照以下要求进行操作。

（1）参考图 5-81，根据文档中“图 1 ASME 法兰密封设计体系”上方表格中的内容绘制图形，令该绘图中的所有形状均位于一幅绘图画布中，该画布宽度为 7.8 厘米，高度为 6.9 厘米，删除原表格。

（2）在文档“4.3.1 理论计算公式”下方红色底纹标出的位置插入公式，效果图如图 5-82 所示。

2. 打开素材“Word.docx”文档，按照以下要求进行操作。

（1）设置纸张大小为“A4”，纸张方向为“纵向”；设置上、下页边距均为“2.5 厘米”，左、右页边距均为“3.2 厘米”。

（2）打开“Word_样式标准.docx”，将其文档样式库中的“标题 1，标题样式一”和“标题 2，标题样式二”复制到“Word.docx”文档样式库中。

（3）将“Word.docx”文档中的所有红色文字段落设置为“标题 1，标题样式一”段落样式。

（4）将“Word.docx”文档中的所有绿色文字段落设置为“标题 2，标题样式二”段落样式。

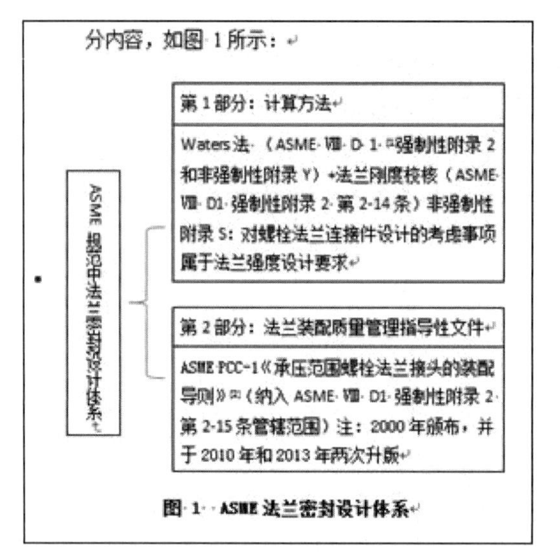

图 5-81　绘制图形效果图

$$\mathrm{T}=\frac{F}{2}\left(\frac{p}{\pi}+\frac{\mu_t d_2}{\cos\beta}+D_e\mu_n\right)$$

图 5-82　插入公式效果图

（5）将文档中出现的全部“软回车”符号（手动换行符）更改为“硬回车”符号（段落标记）。

（6）修改文档样式库中的“正文”样式，使得文档中所有正文段落首行缩进“2 个字符”。

（7）为文档添加页眉，并将当前页中样式为“标题 1，标题样式一”的文字自动显示在页眉区域。

第6章

电子表格软件 Excel 2016

实验一　工作表的基本操作

一、实验任务

将公司所有员工的信息制作成电子表格，并进行美化。

二、实验要求

（1）创建“职员信息表. xlsx”工作簿。

（2）将工作表“Sheet 1”更名为“职员信息表”，将工作表“Sheet 2”重命名为“职员信息表备份”。

（3）在“职员信息表”工作表中输入数据内容，如图6-1所示。

A1　职员信息

	A	B	C	D	E	F	G	H	I
1	职员信息								
2	员工编号	部门	姓名	性别	年龄	籍贯	工龄	工资	
3	K12	开发部	沈一丹	男	30	陕西	5	2000	
4	C24	测试部	刘力国	男	32	江西	4	1600	
5	W24	文档部	王红梅	女	24	河北	2	1200	工资总计
6	S21	市场部	张开芳	男	26	山东	4	1800	
7	S20	市场部	杨帆	女	25	江西	2	1900	平均工资
8	K01	开发部	高浩飞	女	26	湖南	2	1400	
9	W08	文档部	贾铭	男	24	广州	1	1200	
10	C04	测试部	吴朔源	男	38	上海	5	1800	

职员信息表　职员信息表备份

图6-1　职员信息表

（4）将姓名为“王红梅”的“工资”列的“1200”改为“1500”。

（5）删除姓名为“贾铭”的行。

（6）在“部门”一列之前插入一列，将列标题命名为“序号”，并输入序列编号。

（7）设置“职员信息表”中标题“职员信息”的格式为“合并且居中标题单元格（单元格区域为“A1:I1”）”，将其背景设置为“黄色”；设置字体颜色为“标准色-红色”，字体为“黑体”，字号为“14”，字形为“加粗”。

（8）在“职员信息表”中给表格（单元格区域为“A1:I9”）四周添加边框，其中单元格区域“A2:I2”添加“双底框线”。

（9）设置“职员信息表”中所有单元格内数据的对齐方式为“水平居中对齐”，将“工资”列数据设置为“会计专用格式”，应用中国货币符号。

（10）在姓名为“高浩飞”的单元格中添加批注“优秀员工”。

（11）利用公式和函数计算工资总计与平均工资。

（12）将“职员信息表”部门为“市场部”的单元格内容设置为“黄填充色深黄色文本”。

（13）定义单元格名称，将“年龄”一列中数据单元格区域的名称定义为“年龄”。

（14）将“职员信息表”工作表中的数据复制到“职员信息表备份”中相同的区域。

（15）页面设置：选择页面方向为“纵向”，设置上、下页边距均为“3 厘米”，左、右页边距均为“2 厘米”。

（16）保存工作簿，并命名为“职员信息表”。

三、实验步骤

（1）选择“开始”→“Excel”选项，启动 Excel 2016。

（2）将鼠标指向工作表标签“Sheet 1”，右击，在弹出的快捷菜单中选择“重命名”命令，直接输入“职员信息表”即可。用相同的方法，将工作表“Sheet 2”命名为“职员信息表备份”。

（3）在“职员信息表”工作表中输入数据内容（图 6-1）。

（4）单击单元格 H5，在 H5 单元格中输入数值“1500”。

（5）把鼠标指针定位在“贾铭”所在行的任一单元格内，选择“开始”→“单元格”→“删除”→“删除工作表行”选项；或右击，在弹出的快捷菜单中选择“删除”→“整行”→“确定”命令。

（6）把鼠标指针定位在“部门”一列的任何一个单元格中，选择“开始”→“单元格”→“插入”→“插入工作表列”选项；或右击，在弹出的快捷菜单中选择“插入”→“整列”→“确定”命令。在 B2 单元格中输入“序号”两个字，在 B3 单元格和 B4 单元格中分别输入前两个数据“1”和“2”，同时选中 B3、B4 两个单元格，将鼠标指针置于 B4 单元格右下角的填充句柄处，这时指针变成十字形状，拖动填充句柄到 B9 单元格，这时 B3～B9 单元格分别填充了“1、2、3、4、5、6、7”一系列数字，如图 6-2 所示。

（7）选中 A1 到 I1 单元格，单击“开始”→“对齐方式”→“合并后居中”按钮，如图 6-3 所示。

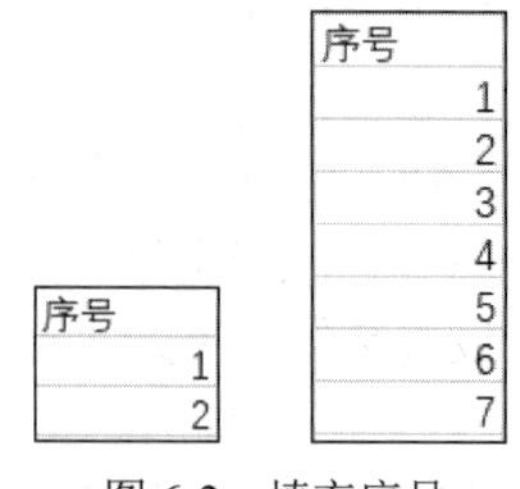

图 6-2 填充序号

合并后居中

图 6-3 “合并后居中”按钮

选中合并后的 A1 单元格，单击“开始”→“字体”右下角对话框启动器按钮，打开“设置单元格格式”对话框。在“字体”选项卡中设置字体为“黑体”，字号为“14”，字形为“加粗”，颜色为“标准色-红色”，如图 6-4 所示。

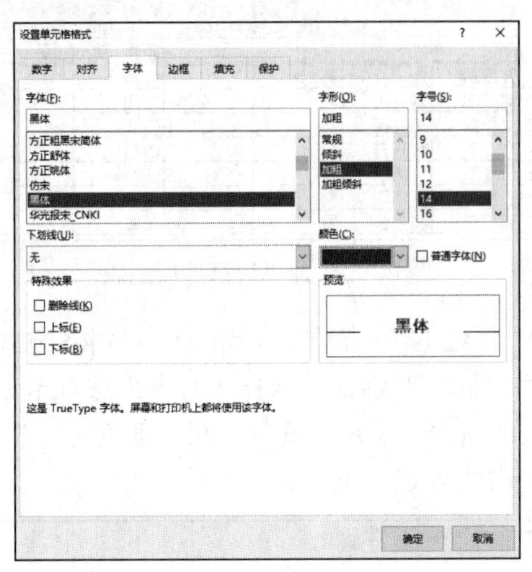

图 6-4　“设置单元格格式”对话框—“字体”选项卡

切换到“填充”选项卡，在“背景色”调色板中选择“黄色”，如图 6-5 所示。单击“确定”按钮。

（8）选中要设置边框线的单元格区域“A1:I9”，单击“开始”→“字体”→“边框格式”按钮右侧的下三角按钮，在打开的下拉列表中选择一些常用的边框格式，如图 6-6 所示。

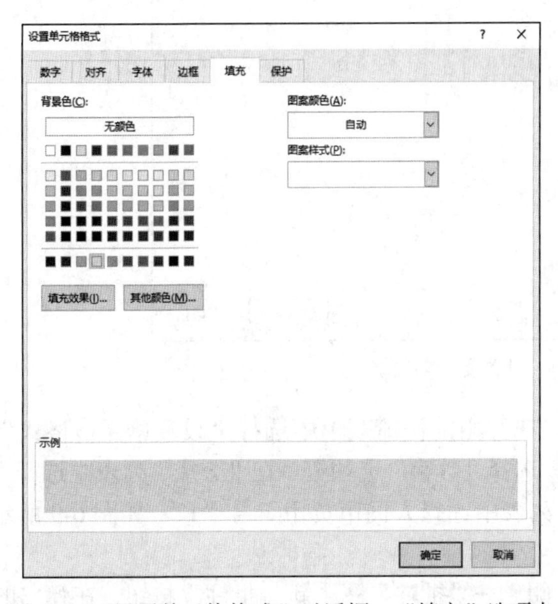

图 6-5　“设置单元格格式”对话框—“填充”选项卡

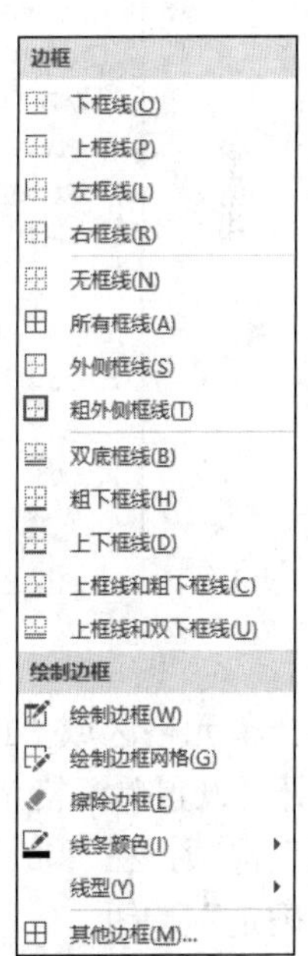

图 6-6　“边框”下拉列表

单击“所有框线”按钮，在选中区域内部和四周都加上边框线；选择单元格区域

“A2:I2”，选择“边框”列表中的“双底框线”命令，完成后的效果如图 6-7 所示。

	A	B	C	D	E	F	G	H	I	J
1	职员信息									
2	员工编号	序号	部门	姓名	性别	年龄	籍贯	工龄	工资	
3	K12	1	开发部	沈一丹	男	30	陕西	5	2000	
4	C24	2	测试部	刘力国	男	32	江西	4	1600	
5	W24	3	文档部	王红梅	女	24	河北	2	1500	工资总计
6	S21	4	市场部	张开芳	男	26	山东	4	1800	
7	S20	5	市场部	杨帆	女	25	江西	2	1900	平均工资
8	K01	6	开发部	高浩飞	女	26	湖南	2	1400	
9	C04	7	测试部	吴朔源	男	38	上海	5	1800	

图 6-7　添加“边框”后的表

（9）选择单元格区域“A2:I9”，单击“开始”→“对齐方式”右下角对话框启动器按钮，打开“设置单元格格式”对话框，选择“对齐”选项卡，在“文本对齐方式”组的“水平对齐”下拉列表中选择“居中”选项，在“垂直对齐”下拉列表中选择“居中”选项，如图 6-8 所示。单击“确定”按钮。

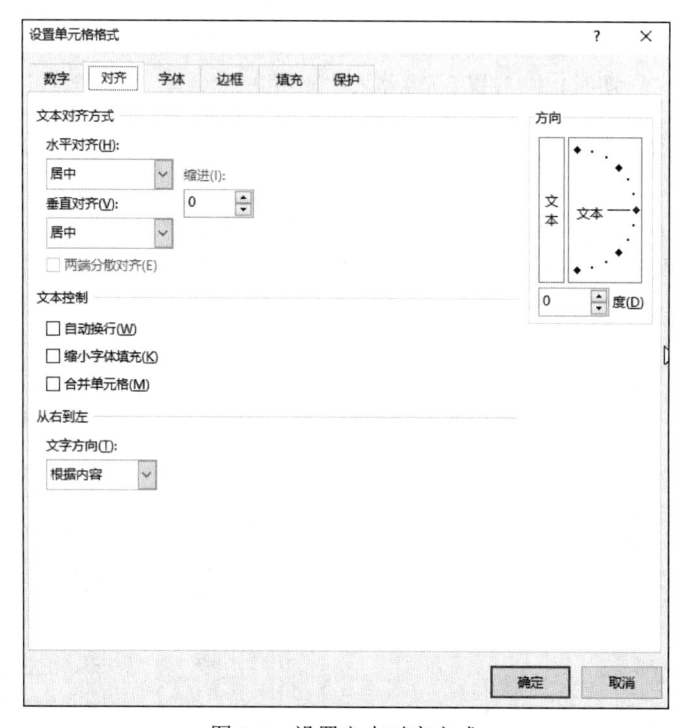

图 6-8　设置文本对齐方式

选择单元格区域“I3:I9”，右击，在弹出的快捷菜单中选择“设置单元格格式”命令，打开“设置单元格格式”对话框，选择“数字”选项卡，在“分类”列表中选择“会计专用”选项，在“货币符号”下拉列表中选择人民币货币符号“¥”，如图 6-9 所示。单击“确定”按钮。

（10）单击 D8 单元格，单击“审阅”→“批注”→“新建批注”按钮，在弹出的批注文本框中输入“优秀员工”，如图 6-10 所示。输入文本后，单击批注框外部的工作表区域即可。

图 6-9　“设置单元格格式”对话框—“数字”选项卡

	A	B	C	D	E	F	G	H	I	J
1	职员信息									
2	员工编号	序号	部门	姓名	性别	年龄	籍贯	工龄	工资	
3	K12	1	开发部	沈一丹	男	30	陕西	5	¥ 2,000.00	
4	C24	2	测试部	刘力国	男	32	江西	4	¥ 1,600.00	
5	W24	3	文档部	王红梅	女	24	河北	2	¥ 1,500.00	工资总计
6	S21	4	市场部	张开芳	男	26	山东	4	¥ 1,800.00	
7	S20	5	市场部	杨帆			江西	2	¥ 1,900.00	平均工资
8	K01	6	开发部	高浩飞			湖南	2	¥ 1,400.00	
9	C04	7	测试部	吴朔源			上海	5	¥ 1,800.00	
10										
11										

优秀员工

图 6-10　插入批注

（11）选中存放“工资总计”结果的单元格地址 K5，选择“开始”→“编辑”→“自动求和”→“求和”命令，在工作表中拖动鼠标选定要求和的区域 I3:I9，按 Enter 键，即可求出结果；选中存放“平均工资”结果的单元格地址 K7，输入公式“=AVERAGE(I3:I9)”，单击“确认”按钮，K7 单元格即显示函数计算结果。

（12）选中单元格区域“C3:C9”，选择“开始”→“样式”→“条件格式”→“突出显示单元格规则”→“等于”命令，打开“等于”对话框，在该对话框中设置相应格式，如图 6-11 所示。单击“确定”按钮。

（13）选中单元格区域“F3:F9”，单击“公式”→“定义的名称”→“定义名称”按钮，打开“新建名称”对话框，如图 6-12 所示。在“名称”文本框中输入“年龄”，单击“确定”按钮。

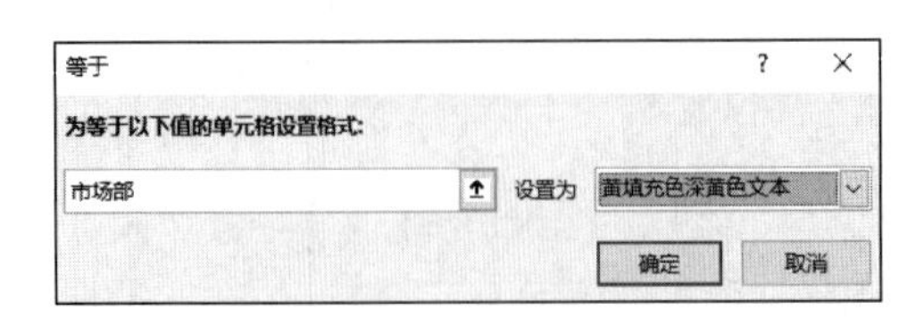

图 6-11 “等于”对话框

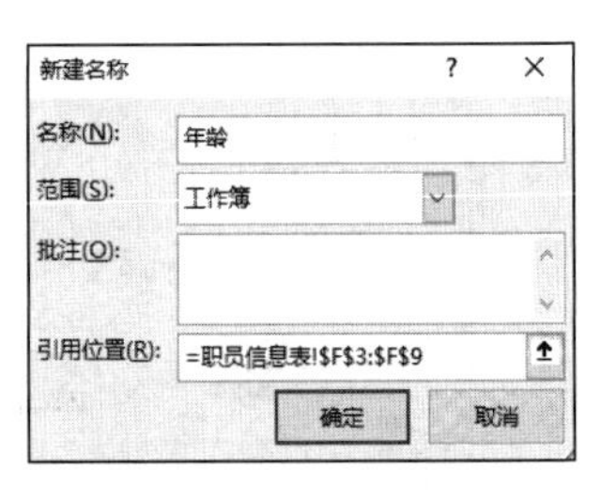

图 6-12 “新建名称”对话框

（14）选中单元格区域“A1:K9”，单击“开始”→“剪贴板”→“复制”按钮，或者使用 Ctrl+C 组合键切换工作表到“职员信息表备份”，把鼠标指针定位到 A1 单元格，单击“开始”→“剪贴板”→“粘贴”→“粘贴-保留源格式”按钮，或者使用 Ctrl+V 组合键。

（15）单击“页面布局”→“页面设置”右下角对话框启动器按钮，打开“页面设置”对话框，在“页面”选项卡中选择方向为“纵向”；在“页边距”选项卡中设置上、下页边距均为 3 厘米，左、右页边距均为 2 厘米，单击“确定”按钮。

（16）选择“文件”→“另存为”选项，或者直接单击“快速访问栏”中的“保存”按钮，打开“另存为”窗口，单击“浏览”按钮，打开“另存为”对话框中设置文件名为“职员信息表”，单击“保存”命令。

四、实验练习题

创建一个名为“Excel 练习 1”的 Excel 2016 工作簿，并完成如下操作。

（1）请在“Sheet1”工作表中使用“自动填充”功能，将“星期二”至“星期五”依次填充到 C2 至 F2 单元格中。

（2）请在“Sheet1”工作表中创建一个自定义序列，依次为“第一节”“第二节”“第三节”“第四节”。

（3）请在“Sheet1”工作表中使用“自动填充”功能，将操作（2）中的自定义序列依次填充到 A3 至 A6 单元格中。

（4）将“Sheet1”工作表中 B2 至 F2 区域单元格的字形设置为“加粗”，将 A3 至 A6 区域单元格的字形也设置为“加粗”。

（5）将“Sheet1”工作表中 B1 单元格和 A2 单元格的边框设置为‘双实线’，边框颜色设置为“红色”。

实验二 数 据 管 理

一、实验任务

某学院的教学秘书已将学生成绩存入“学生成绩管理.xlsx”工作簿中，现在需要按照要求对学生成绩进行操作，以便更好地查看和管理学生成绩。

二、实验要求

（1）在“Sheet1”工作表中，对所有单元格数据以“大学外语”为主关键字、“大学体育”为次关键字进行降序排序。

（2）在“Sheet2”工作表中，筛选出“大学外语”成绩大于 80 分且“大学体育”成绩大于 85 分的学生信息。

（3）在“Sheet 3”工作表中，利用分类汇总功能查看每门课程的上课人数及课时数。

（4）利用“数据源”工作表中的数据，从“Sheet 4”工作表 A1 单元格起建立数据透视表。可以根据该数据透视表中的课程名称和授课班级查看授课教师及其课时数。

三、实验步骤

（1）在“Sheet1”工作表中选中数据区域“A1:F13”，单击“数据”→“排序和筛选”→“排序”按钮，打开“排序”对话框，在“主要关键字”下拉列表中选择“大学外语”，“次序”选择“降序”；单击“添加条件”按钮；在打开的“次要关键字”下拉列表中选择“大学体育”，“次序”选择“降序”，如图 6-13 所示。单击“确定”按钮完成排序设置，排序后效果如图 6-14 所示。

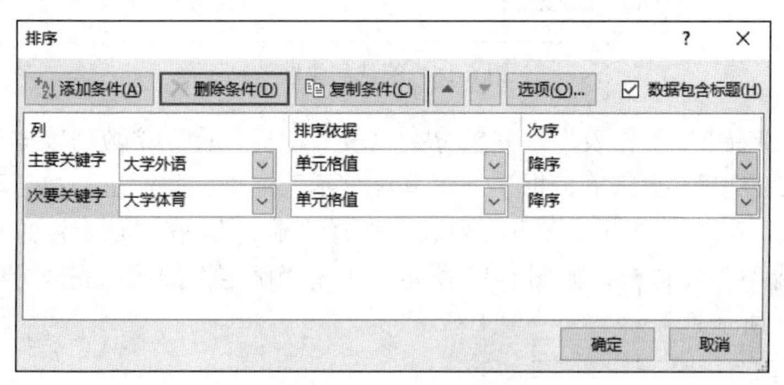

图 6-13　“排序”对话框

	A	B	C	D	E	F
1	学号	姓名	大学外语	高等数学	计算机基础	大学体育
2	90220002	张成祥	97	94	93	93
3	90220023	李广林	94	84	60	86
4	90213037	贾莉莉	93	73	78	88
5	90213013	马云燕	91	68	76	82
6	90213003	郑俊霞	89	62	77	85
7	90213022	韩文岐	88	81	73	81
8	91214045	王卓然	88	74	77	78
9	90213024	王晓燕	86	79	80	93
10	90213009	张雷	85	71	67	77
11	90220013	唐来云	80	73	69	87
12	91214065	高云河	74	77	84	77
13	90216034	马丽萍	55	59	98	76
14						

图 6-14　排序结果图

（2）单击“Sheet2”数据区域中的任一单元格，单击“数据”→“排序和筛选”→“筛选”按钮，这时工作表中每个字段名的右侧均出现一个下拉箭头▾，表示激活了“自动筛选”功能。单击“大学外语”的下三角按钮，在打开的列表中选择“数字筛选”中的“大于”命令，打开“自定义自动筛选”对话框，填入筛选条件，如图 6-15 所示。单击“确定”按钮。

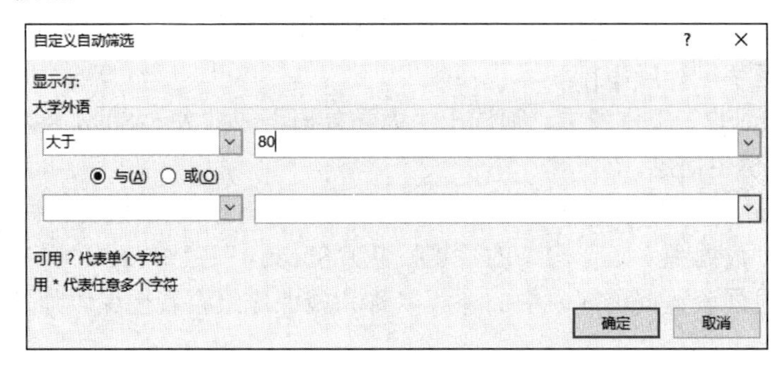

图 6-15 “自定义自动筛选”对话框

用相同的方法筛选“大学体育”成绩大于 85 的数据，全部筛选完成后，如图 6-16 所示。

	A	B	C	D	E	F
1	学号	姓名	大学外语	高等数学	计算机基础	大学体育
2	90220002	张成祥	97	94	93	93
8	90213024	王晓燕	86	79	80	93
9	90213037	贾莉莉	93	73	78	88
10	90220023	李广林	94	84	60	86

图 6-16 筛选结果图

（3）在“Sheet3”工作表中，先按分类字段“课程名称”将数据表排序，然后选中数据区域“A2:D29”，单击“数据”→“分级显示”→“分类汇总”按钮，打开“分类汇总”对话框，在“汇总方式”下拉列表中选择“求和”，在“选定汇总项”列表中选择“人数”“课时”复选框，如图 6-17 所示。单击“确定”按钮，完成分类汇总，汇总结果如图 6-18 所示。

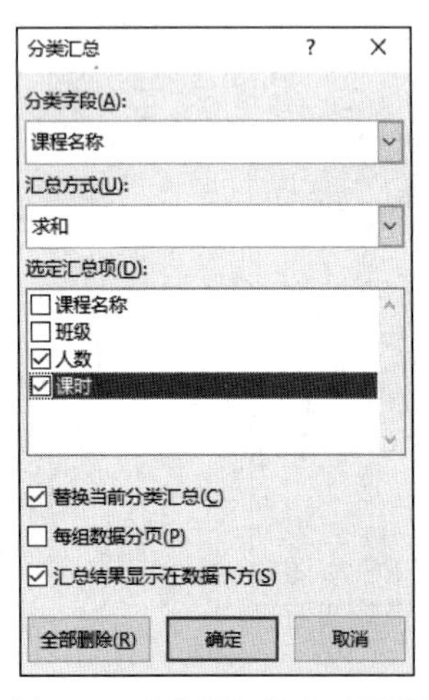

图 6-17 “分类汇总”对话框

	A	B	C	D
1	课程安排表			
2	课程名称	班级	人数	课时
8	大学语文 汇总		269	205
14	离散数学 汇总		262	233
21	微积分 汇总		349	203
28	英语 汇总		360	266
34	政经 汇总		246	245
35	总计		1486	1152
36				
37				

图 6-18 分类汇总结果图

（4）选中“数据源”工作表中的数据区域“A1:F98”，选择“插入”→“表格”→“数据透视表”→“表格和区域”选项，打开“来自表格或区域的数据透视表”对话框，选中“现有工作表”单选按钮，设置“位置”为“Sheet4!$A$1”，如图 6-19 所示。

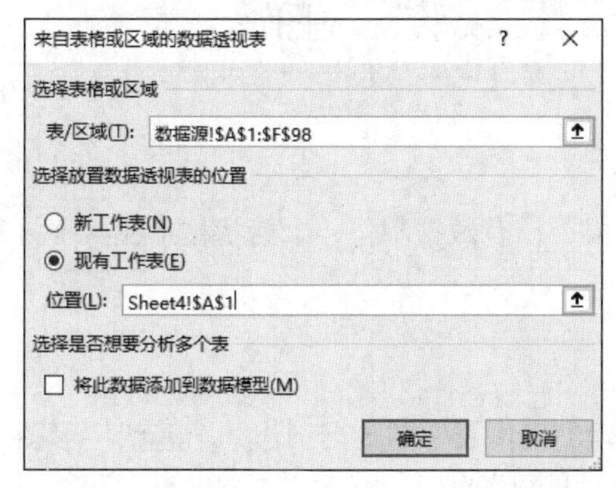

图 6-19　“来自表格或区域的数据透视表”对话框

在“Sheet4”工作表右侧的“数据透视表字段”中，将字段“课程名称”“授课班级”依次拖动到下方的“筛选”区域，将“教师姓名”拖动到“行”区域，将“求和项：课时”拖动到“值”区域，如图 6-20 所示。

数据透视表结果如图 6-21 所示。

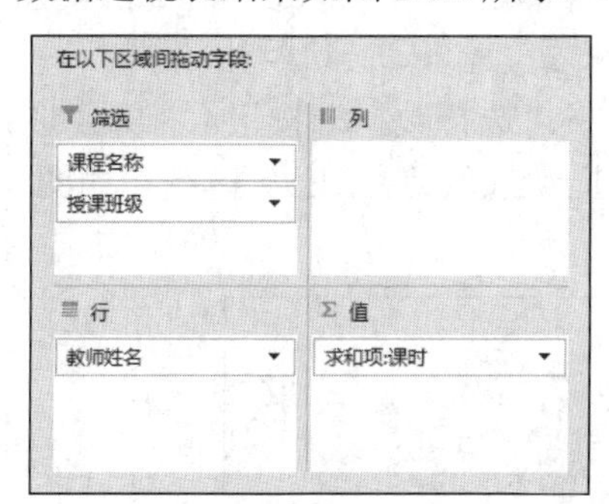

图 6-20　各区域的值

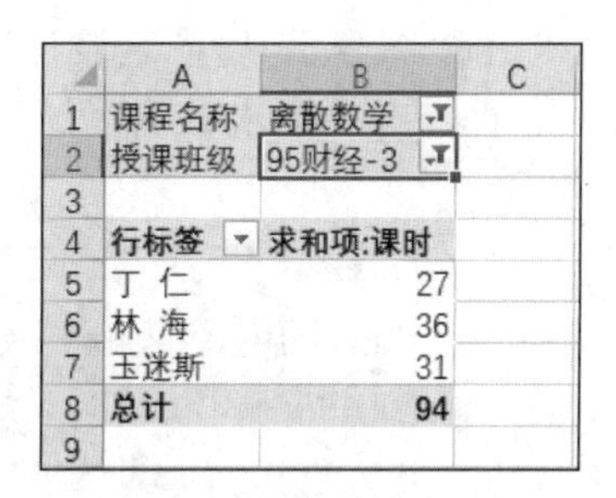

	A	B	C
1	课程名称	离散数学	
2	授课班级	95财经-3	
3			
4	行标签	求和项:课时	
5	丁 仁	27	
6	林 海	36	
7	玉迷斯	31	
8	总计	94	
9			

图 6-21　数据透视表结果

四、实验练习题

请根据文件“Excel 练习 2”的数据，按照下列要求完成操作。

（1）使用“Sheet1”工作表中的数据，计算销售总计和平均销售额，保留小数点后两位数字。

（2）使用“Sheet2”工作表中的数据，以“日期”为关键字，按照升序方式排序。

（3）使用“Sheet3”工作表中的数据，筛选出“销售额”大于 1000 的记录。

（4）使用“Sheet4”工作表中的数据，以“销售地区”为分类字段，将“销售额”进行“求和”分类汇总。

（5）使用“数据源”工作表中的数据，从“Sheet5”工作表 A1 单元格起创建数据透视表。该数据透视表的功能是查看不同授课班级及每个系教师的课时数及上机工作量。

提示：以“授课班数”为“筛选”区域，以“系名”为“行”区域，以“教师姓名”为“列”区域，以“上机工作量”和“课时”为“值”区域，建立数据透视表。

实验三　图　　表

一、实验任务

某医院出纳员需要根据已有数据制作一个簇状柱形图，该图表能够清晰地显示各科室的住院费用。

二、实验要求

（1）根据“图表处理”工作表中的数据制作一个簇状柱形图，要求该图表数据区域为“A1:E5”，水平轴为“科别”。

（2）设置图表标题为“收费表”，其横坐标轴标题为“科室”，纵坐标轴标题为“金额（元）”，将最终生成的图表放入“图表处理”工作表中的“A7:G23”区域。

三、实验步骤

（1）在“图表处理”工作表中，单击“插入”→“图表”→“插入柱形图或条形图”→“二维柱形图”→“簇状柱形图”按钮，打开图表样式。

（2）单击“图表工具-图表设计”→“数据”→“选择数据”按钮，打开“选择数据源”对话框，在“图表数据区域”中，用鼠标拖动选取“A1:E5”区域，如图 6-22 所示。

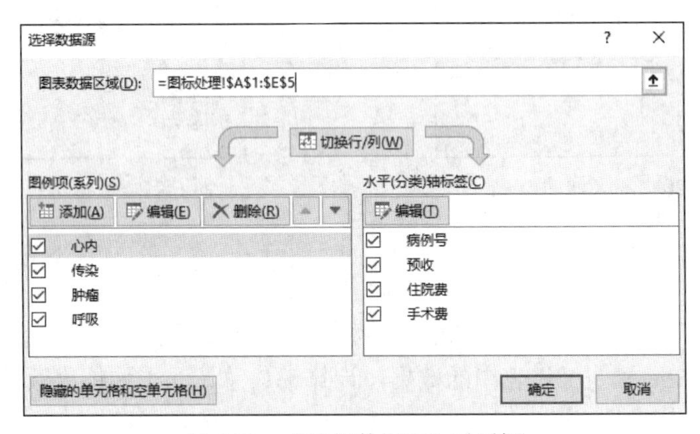

图 6-22　“选择数据源”对话框

（3）单击“确定”按钮，生成图表，如图 6-23 所示。

选中图表，单击“图表工具-图表设计”→“数据”→“切换行/列”按钮，将图表的“行”和“列”进行互换，互换完毕的图表如图 6-24 所示。

（4）将图表内的“图表标题”改为“收费表”。选择“图表工具”→“图表设计”→“图表布局”→“添加图表元素”→“坐标轴标题”→“主要横坐标轴”选项，在“横坐标轴”的下方打开“坐标轴标题”文本框，输入“科室”；用相同的方法在纵坐标轴标题处输入“金额”。选中纵坐标轴标题“金额”，右击，在弹出的快捷菜单中选择“设置坐标轴标题格式”命令，打开“设置坐标轴标题格式”任务窗格，在“标题选项”→“大小与属性”→“对齐方式”→“文字方向”下拉列表中选择“竖排”选项，操作结果如图 6-25 所示。

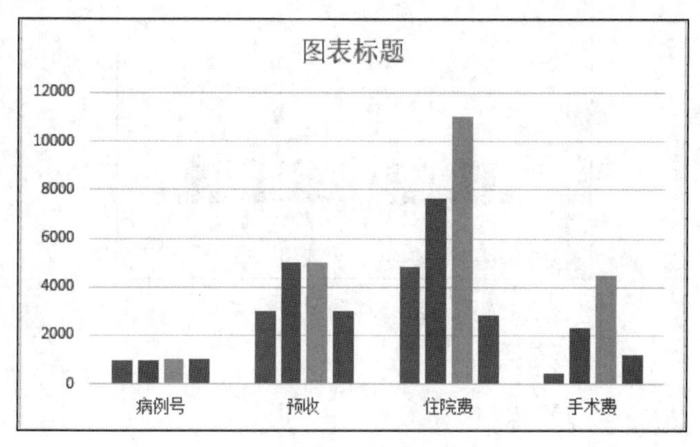

图 6-23　生成图表

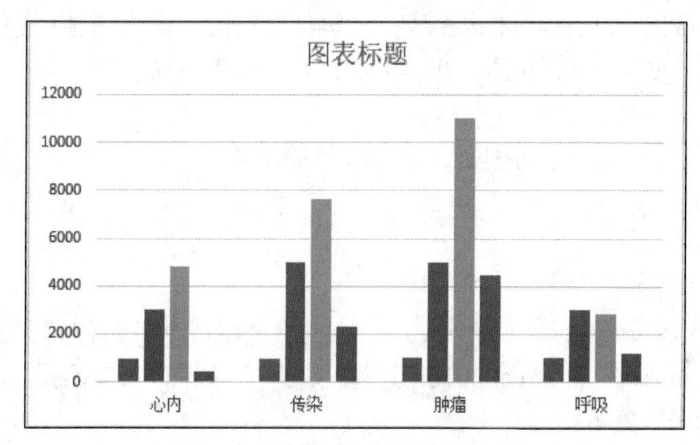

图 6-24　互换行列后生成的图表

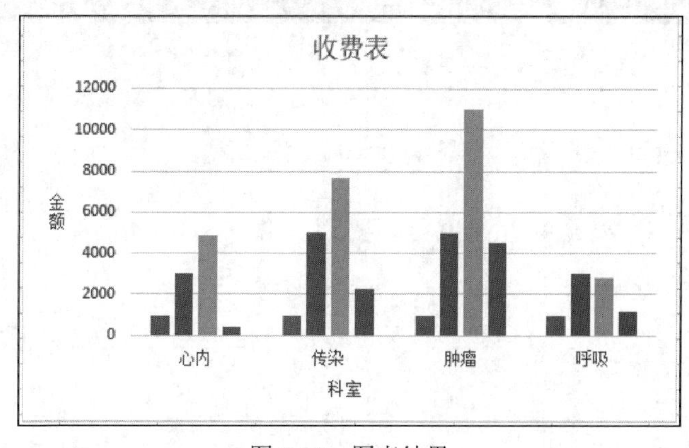

图 6-25　图表结果

（5）按住鼠标左键，将图表拖动到“A7:G23”区域，如图 6-26 所示。

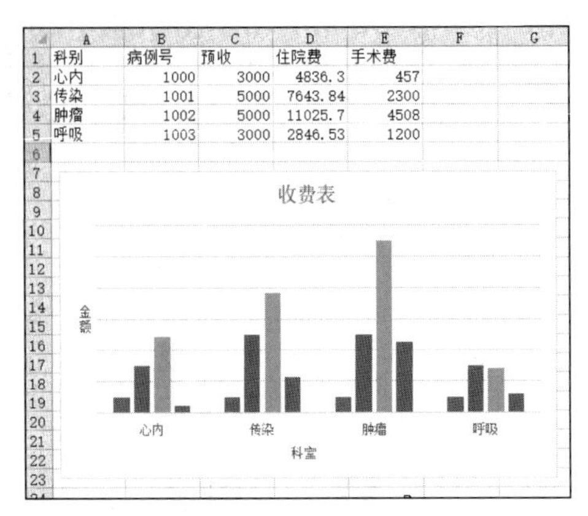

科别	病例号	预收	住院费	手术费
心内	1000	3000	4836.3	457
传染	1001	5000	7643.84	2300
肿瘤	1002	5000	11025.7	4508
呼吸	1003	3000	2846.53	1200

图 6-26　移动图表结果

四、实验练习题

根据“Excel 练习 3”中“Sheet1“工作表中的数据制作一个带数据标记的折线图。设置图表数据区域为 A2:D14，图表标题为“温度统计”，横坐标轴标题为“月份”，纵坐标轴标题为“温度”，生成的图表在“Sheet2“工作表中显示。

实验四　综合实验（一）

一、实验任务

小明用 Excel 来记录每个月的个人开支情况，他将每个月的各类支出明细输入文件名为“开支明细表.xlsx”的 Excel 2016 工作簿文档中，如图 6-27 所示。请根据实验要求对明细表进行整理和分析。

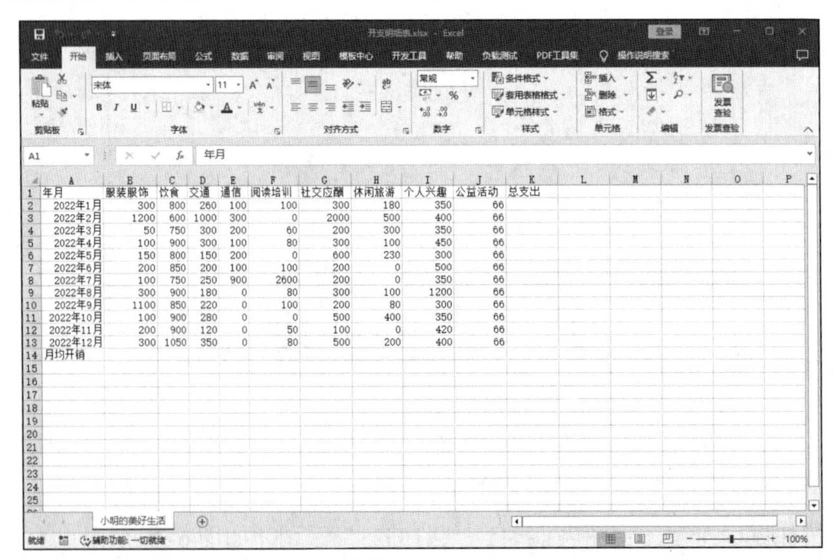

年月	服装服饰	饮食	交通	通信	阅读培训	社交应酬	休闲旅游	个人兴趣	公益活动	总支出
2022年1月	300	800	260	100	100	300	180	350	66	
2022年2月	1200	600	1000	300	0	2000	500	400	66	
2022年3月	50	750	300	200	60	200	300	350	66	
2022年4月	100	900	300	100	80	300	100	450	66	
2022年5月	150	800	150	200	0	600	230	300	66	
2022年6月	200	850	200	100	100	200	0	500	66	
2022年7月	100	750	250	900	2600	200	0	350	66	
2022年8月	300	900	180	0	80	300	100	1200	66	
2022年9月	1100	850	220	0	100	200	80	300	66	
2022年10月	100	900	280	0	0	500	400	350	66	
2022年11月	200	900	120	0	50	100	0	420	66	
2022年12月	300	1050	350	0	80	500	200	400	66	
月均开销										

图 6-27　开支明细表

二、实验要求

（1）在工作表“小明的美好生活”的第一行添加表标题“小明 2022 年开支明细表”，并通过合并单元格，将表标题置于整个表的上端且居中。

（2）将工作表标签颜色设置为“标准色-红色”，将数据区域字号设置为“12”，行高设置为“15”，所有数据设置为“居中对齐”方式。除表标题“小明 2022 年开支明细表”外，分别为工作表添加恰当的边框和底纹，使工作表更加美观。

（3）将每月各类支出及总支出对应的单元格数据类型设置为“货币”类型，无小数，有人民币货币符号。

（4）通过函数计算每个月的总支出、各个类别月均支出、每月平均总支出，并按照每个月总支出升序对工作表进行排序。

（5）利用条件格式功能，将月单项开支金额中大于 1000 元的数据所在单元格设置为“浅红填充色深红色文本”格式；将月总支出额中大于月均总支出 110%的数据所在单元格设置为“黄填充色深黄色文本”格式。

（6）在“年月”与“服装服饰”列之间插入新列“季度”，数据根据月份由函数生成。例如，1～3 月对应“一季度”、4～6 月对应“二季度”……

（7）复制工作表“小明的美好生活”，将副本放置在原表右侧，并将该副本表标签的颜色改为“标准色-蓝色”，重命名为“按季度汇总”；删除“月均开销”对应行。

（8）利用分类汇总功能，按季度升序求出每个季度各类开支的月均支出金额。

（9）在“按季度汇总”工作表后面新建名为“折线图”的工作表，在该工作表中以分类汇总结果为基础创建一个带数据标记的折线图，水平轴标签为“各类开支”。

三、实验步骤

（1）在 A1 单元格之前插入一行，然后选中 A1 单元格，输入文字“小明 2022 年开支明细表”，用鼠标拖动选取“A1:K1”区域，单击“开始”→“对齐方式”→“合并后居中”按钮。

（2）设置“开支明细表”的格式。

① 单击工作表标签，右击，在弹出的快捷菜单中选择“工作表标签颜色”命令，在打开的列表中选择“标准色-红色”。

② 选中“A1:K15”区域，单击“开始”→“字体”→“字号”下拉按钮，在打开的下拉列表中设置字号为“12”；选择“开始”→“单元格”→“格式”→“行高”选项，打开“行高”对话框，设置行高为“15”，单击“确定”按钮；单击“开始”→“对齐方式”→“居中”按钮。

③ 选中“A2:K15”区域，单击“开始”→“字体”→“边框”下拉按钮，在打开的下拉列表中选择“所有框线”选项；在“填充颜色”下拉列表中选择“标准色-茶色，背景 2”。设置效果如图 6-28 所示。

（3）选中“B3:K15”区域，右击，在弹出的快捷菜单中选择“设置单元格格式”命令，打开“设置单元格格式”对话框，选择“数字”选项卡，在“分类”列表中选

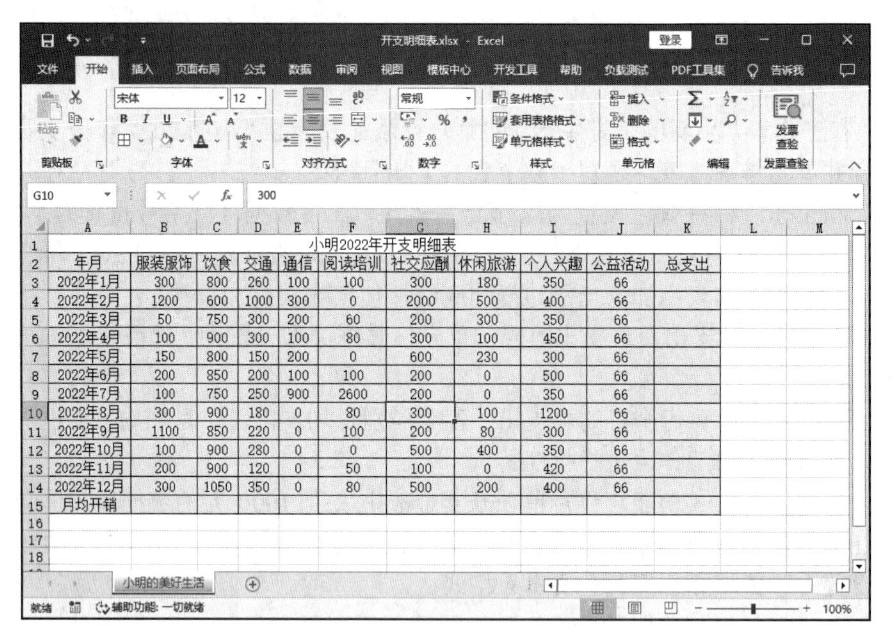

	A	B	C	D	E	F	G	H	I	J	K
1	小明2022年开支明细表										
2	年月	服装服饰	饮食	交通	通信	阅读培训	社交应酬	休闲旅游	个人兴趣	公益活动	总支出
3	2022年1月	300	800	260	100	100	300	180	350	66	
4	2022年2月	1200	600	1000	300	0	2000	500	400	66	
5	2022年3月	50	750	300	200	60	200	300	350	66	
6	2022年4月	100	900	300	100	80	300	100	450	66	
7	2022年5月	150	800	150	200	0	600	230	300	66	
8	2022年6月	200	850	200	100	100	200	0	500	66	
9	2022年7月	100	750	250	900	2600	200	0	350	66	
10	2022年8月	300	900	180	0	80	300	100	1200	66	
11	2022年9月	1100	850	220	0	100	200	80	300	66	
12	2022年10月	100	900	280	0	0	500	400	350	66	
13	2022年11月	200	900	120	0	50	100	0	420	66	
14	2022年12月	300	1050	350	0	80	500	200	400	66	
15	月均开销										

图 6-28 开支明细表格式设置

择“货币”选项，设置“小数位数”为“0”，“货币符号”为“¥”，单击“确定”按钮，如图 6-29 所示。

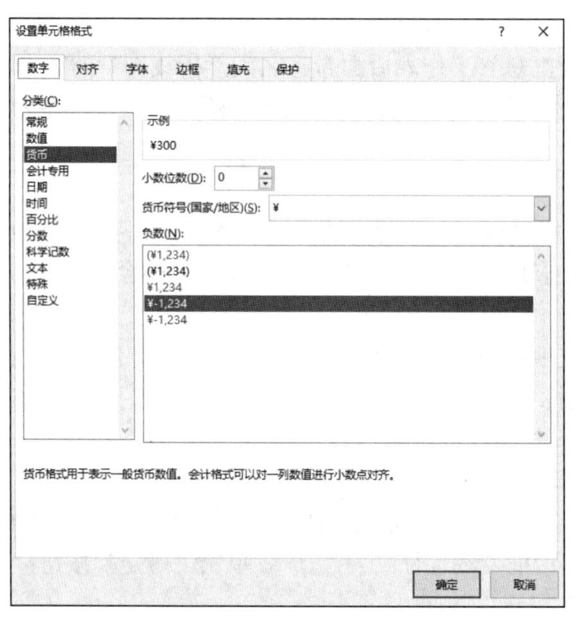

图 6-29 货币符号设置

（4）对“开支明细表”进行排序设置。

① 选中 K3 单元格，输入“=SUM(B3:J3)”后按 Enter 键确认，拖动 K3 单元格的填充柄填充至 K14 单元格；选中 B15 单元格，输入“=AVERAGE(B3:B14)”后按 Enter 键确认，拖动 B15 单元格的填充柄填充至 K15 单元格。

② 选择“A2:K14”区域，单击“数据”→“排序和筛选”→“排序”按钮，打开“排序”对话框，在“主要关键字”下拉列表中选择“总支出”，在“次序”下拉列表中选择“升序”，单击“确定”按钮。排序后的开支明细表如图 6-30 所示。

	A	B	C	D	E	F	G	H	I	J	K
1	小明2022年开支明细表										
2	年月	服装服饰	饮食	交通	通信	阅读培训	社交应酬	休闲旅游	个人兴趣	公益活动	总支出
3	2022年11月	¥200	¥900	¥120	¥0	¥50	¥100	¥0	¥420	¥66	¥1, 856
4	2022年6月	¥200	¥850	¥200	¥100	¥100	¥200	¥0	¥500	¥66	¥2, 216
5	2022年3月	¥50	¥750	¥300	¥200	¥60	¥200	¥300	¥350	¥66	¥2, 276
6	2022年4月	¥100	¥900	¥300	¥100	¥80	¥300	¥100	¥450	¥66	¥2, 396
7	2022年1月	¥300	¥800	¥260	¥100	¥100	¥300	¥180	¥350	¥66	¥2, 456
8	2022年5月	¥150	¥800	¥150	¥200	¥0	¥600	¥230	¥300	¥66	¥2, 496
9	2022年10月	¥100	¥900	¥280	¥0	¥0	¥500	¥400	¥350	¥66	¥2, 596
10	2022年9月	¥1, 100	¥850	¥220	¥0	¥100	¥200	¥80	¥300	¥66	¥2, 916
11	2022年12月	¥300	¥1, 050	¥350	¥0	¥80	¥500	¥200	¥400	¥66	¥2, 946
12	2022年8月	¥300	¥900	¥180	¥0	¥80	¥300	¥100	¥1, 200	¥66	¥3, 126
13	2022年7月	¥100	¥750	¥250	¥900	¥2, 600	¥200	¥0	¥350	¥66	¥5, 216
14	2022年2月	¥1, 200	¥600	¥1, 000	¥300	¥0	¥2, 000	¥500	¥400	¥66	¥6, 066
15	月均开销	¥342	¥838	¥301	¥158	¥271	¥450	¥174	¥448	¥66	¥3, 047

小明的美好生活

图 6-30　排序后的开支明细表

（5）利用条件格式功能设置符合条件的单元格格式。

① 选择“B3:J14”区域，选择“开始”→“样式”→“条件格式”→“突出显示单元格规则”→“大于”选项，打开“大于”对话框，设置“为大于以下值的单元格设置格式”为“¥1000”，使用默认设置“浅红填充色深红色文本”，如图 6-31 所示，单击“确定”按钮。

② 选择“K3:K14”区域，选择“开始”→“样式”→“条件格式”→“突出显示单元格规则”→“大于”选项，打开“大于”对话框，设置“为大于以下值的单元格设置格式”为“=$K$15*110%”，颜色设置为“黄填充色深黄色文本”，如图 6-32 所示，单击“确定”按钮。

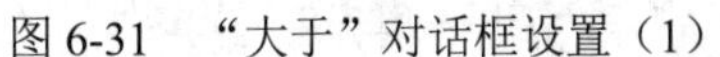
图 6-31　“大于”对话框设置（1）

图 6-32　“大于”对话框设置（2）

（6）在“年月”与“服装服饰”列之间插入新列“季度”，数据根据月份由函数生成。

① 单击 B 列，右击，在弹出的快捷菜单中选择“插入”命令。

② 选择 B2 单元格，输入文本“季度”。

③ 选择 B3 单元格，输入“="第"&ROUNDUP(MONTH(A3)/3,0)&"季度"”，单击 ✔ 按钮确认。

④ 拖动 B3 单元格的填充柄填充至 B14 单元格，如图 6-33 所示。

	A	B	C	D	E	F	G	H	I	J	K	L
1	小明2022年开支明细表											
2	年月	季度	服装服饰	饮食	交通	通信	阅读培训	社交应酬	休闲旅游	个人兴趣	公益活动	总支出
3	2022年11月	第4季度	¥200	¥900	¥120	¥0	¥50	¥100	¥0	¥420	¥66	¥1,856
4	2022年6月	第2季度	¥200	¥850	¥200	¥100	¥100	¥200	¥0	¥500	¥66	¥2,216
5	2022年3月	第1季度	¥50	¥750	¥300	¥200	¥60	¥200	¥300	¥350	¥66	¥2,276
6	2022年4月	第2季度	¥100	¥900	¥300	¥100	¥80	¥300	¥100	¥450	¥66	¥2,396
7	2022年1月	第1季度	¥300	¥800	¥260	¥100	¥100	¥300	¥180	¥350	¥66	¥2,456
8	2022年5月	第2季度	¥150	¥800	¥150	¥200	¥0	¥600	¥230	¥300	¥66	¥2,496
9	2022年10月	第4季度	¥100	¥900	¥280	¥0	¥0	¥500	¥400	¥350	¥66	¥2,596
10	2022年9月	第3季度	¥1,100	¥850	¥220	¥0	¥100	¥200	¥80	¥300	¥66	¥2,916
11	2022年12月	第4季度	¥300	¥1,050	¥350	¥0	¥80	¥500	¥200	¥400	¥66	¥2,946
12	2022年8月	第3季度	¥300	¥900	¥180	¥0	¥80	¥300	¥100	¥1,200	¥66	¥3,126
13	2022年7月	第3季度	¥100	¥750	¥250	¥900	¥2,600	¥200	¥0	¥350	¥66	¥5,216
14	2022年2月	第1季度	¥1,200	¥600	¥1,000	¥300	¥0	¥2,000	¥500	¥400	¥66	¥6,066
15	月均开销		¥342	¥838	¥301	¥158	¥271	¥450	¥174	¥448	¥66	¥3,047
16												
17												
18												

小明的美好生活

图 6-33 “季度”列填充

知识拓展

MONTH(Serial_number)函数，返回月份值是一个整数，介于 1 与 12 之间；ROUNDUP (Number,Num_digits)函数，将 Number 的值向上四舍五入，若 Num_digits 的值为 0，则向上取最接近的整数。

（7）对“小明的美好生活”的副本进行设置。

① 在“小明的美好生活”工作表标签处右击，在弹出的快捷菜单中选择“移动或复制工作表”命令，打开“移动或复制工作表”对话框。选中“建立副本”复选框，在“下列选定工作表之前”列表中选择“（移至最后）”选项，单击“确定”按钮。

② 在“小明的美好生活（2）”标签处右击，在弹出的快捷菜单中选择“工作表标签颜色”命令，在打开的列表中选择“标准色-蓝色”。

③ 在“小明的美好生活（2）”标签处右击，在弹出的快捷菜单中选择“重命名”命令，输入“按季度汇总”；选中“按季度汇总”工作表的第 15 行，将鼠标定位在行号处，右击，在弹出的快捷菜单中选择“删除”命令，如图 6-34 所示。

	A	B	C	D	E	F	G	H	I	J	K	L
1	小明2022年开支明细表											
2	年月	季度	服装服饰	饮食	交通	通信	阅读培训	社交应酬	休闲旅游	个人兴趣	公益活动	总支出
3	2022年11月	第4季度	¥200	¥900	¥120	¥0	¥50	¥100	¥0	¥420	¥66	¥1,856
4	2022年6月	第2季度	¥200	¥850	¥200	¥100	¥100	¥200	¥0	¥500	¥66	¥2,216
5	2022年3月	第1季度	¥50	¥750	¥300	¥200	¥60	¥200	¥300	¥350	¥66	¥2,276
6	2022年4月	第2季度	¥100	¥900	¥300	¥100	¥80	¥300	¥100	¥450	¥66	¥2,396
7	2022年1月	第1季度	¥300	¥800	¥260	¥100	¥100	¥300	¥180	¥350	¥66	¥2,456
8	2022年5月	第2季度	¥150	¥800	¥150	¥200	¥0	¥600	¥230	¥300	¥66	¥2,496
9	2022年10月	第4季度	¥100	¥900	¥280	¥0	¥0	¥500	¥400	¥350	¥66	¥2,596
10	2022年9月	第3季度	¥1,100	¥850	¥220	¥0	¥100	¥200	¥80	¥300	¥66	¥2,916
11	2022年12月	第4季度	¥300	¥1,050	¥350	¥0	¥80	¥500	¥200	¥400	¥66	¥2,946
12	2022年8月	第3季度	¥300	¥900	¥180	¥0	¥80	¥300	¥100	¥1,200	¥66	¥3,126
13	2022年7月	第3季度	¥100	¥750	¥250	¥900	¥2,600	¥200	¥0	¥350	¥66	¥5,216
14	2022年2月	第1季度	¥1,200	¥600	¥1,000	¥300	¥0	¥2,000	¥500	¥400	¥66	¥6,066
15												
16												
17												
18												

小明的美好生活　按季度汇总

图 6-34 “按季度汇总”表

（8）按季度升序求出每个季度各类开支的月均支出金额。

① 选择“按季度汇总”工作表的“A2:L14”单元格，单击“数据”→“排序和筛选”→“排序”按钮，打开“排序”对话框在“主要关键字”下拉列表中选择“季度”选项，在“次序”下拉列表中选择“升序”选项，单击“确定”按钮。

② 选择数据区域的任意单元格，单击“数据”→“分级显示”→“分类汇总”按钮，打开“分类汇总”对话框，在“分类字段”下拉列表中选择“季度”选项，在“汇总方式”下拉列表中选择“平均值”选项，在“选定汇总项中”除不选中“年月”“季度”“总支出”复选框外，其余全选中，单击“确定”按钮，如图 6-35 所示。

小明2022年开支明细表

年月	季度	服装服饰	饮食	交通	通信	阅读培训	社交应酬	休闲旅游	个人兴趣	公益活动	总支出
	第1季度 平均值	¥517	¥717	¥520	¥200	¥53	¥833	¥327	¥367	¥66	
	第2季度 平均值	¥150	¥850	¥217	¥133	¥60	¥367	¥110	¥417	¥66	
	第3季度 平均值	¥500	¥833	¥217	¥300	¥927	¥233	¥60	¥617	¥66	
	第4季度 平均值	¥200	¥950	¥250	¥0	¥43	¥367	¥200	¥390	¥66	
	总计平均值	¥342	¥838	¥301	¥158	¥271	¥450	¥174	¥448	¥66	

小明的美好生活　按季度汇总

图 6-35　分类汇总后的表

（9）创建并设置“折线图”表。

① 单击“新工作表”按钮，将打开的新工作表命名为“折线图”。

② 单击“按季度汇总”工作表左侧的标签数字“2”。

③ 选择“B2:K18”区域，选择“插入”→“图表”→“插入折线图或面积图”→“二维折线图”→“带数据标记的折线图”命令。

④ 选中图表，选择“图表工具-图表设计”→“数据”→“切换行/列”命令，使图例为各个季度。

⑤ 在图表空白处右击，在弹出的快捷菜单中选择“移动图表”命令，打开“移动图表”对话框，选中“对象位于”单选按钮，在下拉列表中选择“折线图”，单击“确定”按钮，如图 6-36 所示。

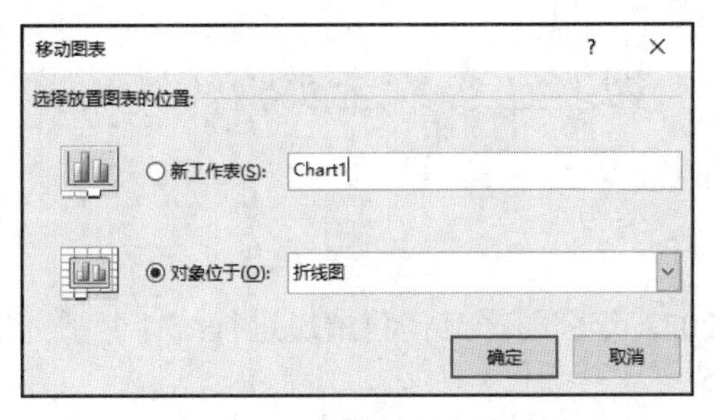

图 6-36　“移动图表”对话框

⑥ 对图表的标题、图例进行设置，最终生成的图表如图 6-37 所示。

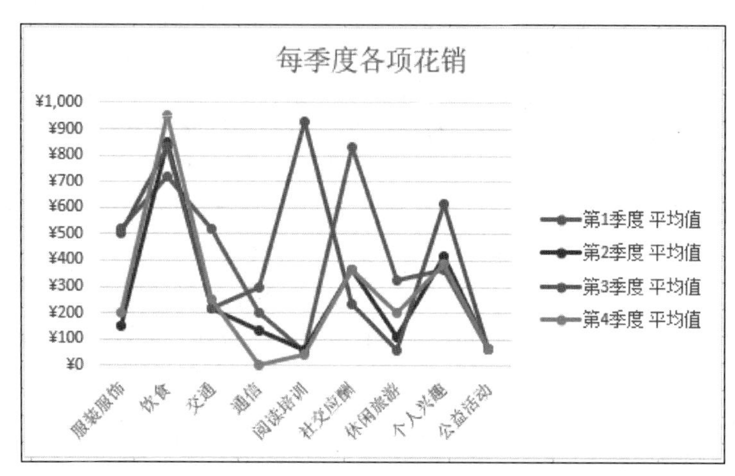

图 6-37　最终折线图

四、实验练习题

请根据文件“Excel 练习 4”的数据，按照下列要求完成操作。

（1）在“销售情况”工作表中“店铺”列左侧插入一个空列，输入列标题为“序号”，并以“001、002、003……”的方式向下填充该列到最后一个数据行。

（2）将工作表标题跨列合并后居中，调整其字体为“隶书”、字号为“16”，并将字体颜色改为“红色”。设置行高为“15”、列宽为“13”，设置对齐方式为“居中”，设置销售额数据列的数值格式为“(保留两位小数)”，并为数据区域添加边框线。

（3）将工作表“平均单价”中的区域“B3:C7”定义名称为“商品均价”。运用公式计算工作表“销售情况”中 F 列的销售额。

（4）为工作表“销售情况”中的销售数据创建一个数据透视表，并将其放置在一个名为“数据分析”的新工作表中，要求针对每类商品比较各门店每个季度的销售额。其中，商品名称为“筛选字段”，店铺为“行”标签，季度为“列”标签，并对销售额求和。

（5）根据生成的数据透视表，在透视表下方创建一个簇状柱形图，该图表中仅对各门店四个季度笔记本的销售额进行比较。

实验五　综合实验（二）

一、实验任务

销售部需要针对 2022 年公司产品销售情况进行统计分析，以便制订新的销售计划和工作任务。

二、实验要求

（1）打开“销售素材.xlsx”文件，将其另存为“销售统计.xlsx”，之后所有的操作均在“销售统计.xlsx”文件中进行。

（2）在“订单明细”工作表的“单价”列中，利用 VLOOKUP()函数计算并填写相对应图书的单价金额（图书名称与图书单价的对应关系可以参考工作表“图书定价”）。

（3）计算并填写“订单明细”工作表中每笔订单的“销售额小计”，保留两位小数。规则如下：若每笔订单的图书销量超过 40 本（含 40 本），则按照图书单价的 9.3 折进行销售，否则按照图书单价的原价进行销售。

（4）根据“订单明细”工作表的“发货地址”列信息，并参考“城市对照”工作表中省市与销售区域的对应关系，计算并填写“订单明细”工作表中每笔订单的“所属区域”。

（5）根据“订单明细”工作表中的销售记录创建名为“统计”的工作表，用来统计各区域各类图书的累计销售金额。

三、实验步骤

（1）打开“销售素材.xlsx”文件，选择“文件”→“另存为”选项，将文件重命名为“销售统计.xlsx”。

（2）单击“订单明细”工作表的 D3 单元格，单击“插入函数”按钮，在打开的“插入函数”对话框中选择“VLOOKUP 函数”选项，依次选取或填入函数参数，如图 6-38 所示。单击“确定”按钮。选中 D3 单元格，双击其填充柄，“单价”自动填充到“D4:D647”区域。

知识拓展

VLOOKUP(Lookup_value，Table_array，Col_index_num，Range_lookup)函数：搜索表区域首列满足条件的元素。Lookup_value，需要在数据表首列进行搜索的值；Table_array，需要搜索的信息表；Col_index_num，满足条件的单元格在搜索表中的序列号；Range_lookup，指定查找要求是精确匹配，使用 false；指定查找要求是大致匹配，使用 true。

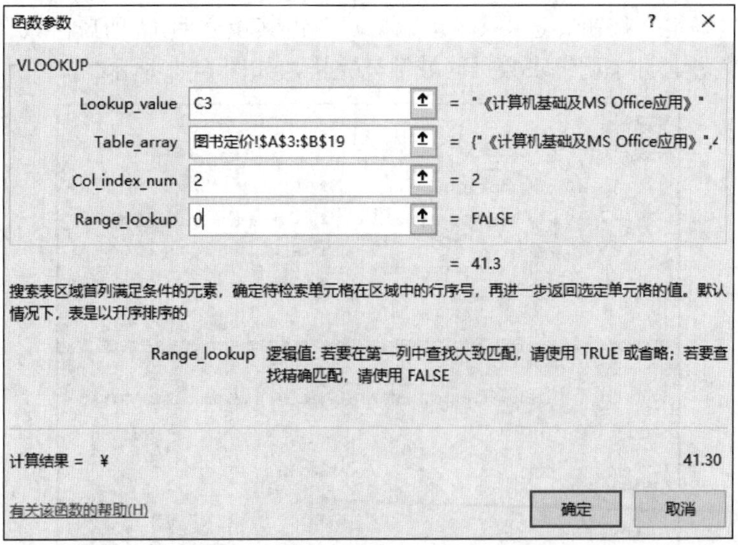

图 6-38　VLOOKUP 函数计算“单价”

（3）单击“订单明细”工作表的 H3 单元格，单击“插入函数”按钮，在打开的“插入函数”对话框中选择“IF 函数”选项，依次选取或填入函数参数，如图 6-39 所示。单击“确定”按钮。选中 H3 单元格，双击其填充柄，“销售额小计”自动填充到“H4:H647”区域。

知识拓展

IF(logical_test,value_if_true,value_if_false)函数：判断是否满足某个条件，如果满足返回一个值，如果不满足返回另一个值。logical_test，是任何可能被计算为 TRUE 或 FALSE 的数值或表达式；value_if_true，是当 logical_test 为 TRUE 时的返回值。如果忽略，则返回 TRUE；value_if_false，是当 logical_test 为 FALSE 时的返回值。如果忽略，则返回 FALSE。IF 函数最多可嵌套七层。

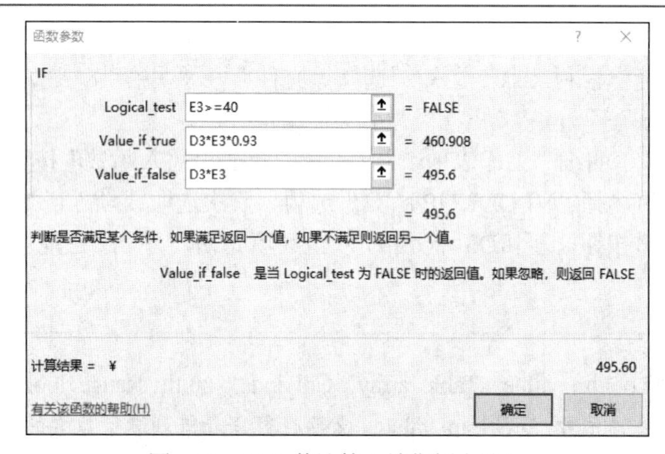

图 6-39　IF 函数计算“销售额小计”

（4）单击“订单明细”工作表的 G3 单元格，单击“插入函数”按钮，在打开的“插入函数”对话框中选择“VLOOKUP 函数”选项，依次选取或填入函数参数，如图 6-40 所示。单击“确定”按钮。选中 G3 单元格，双击其填充柄，“所属区域”自动填充到“G4:G647”区域。订单明细表数据区域填充完毕，如图 6-41 所示。

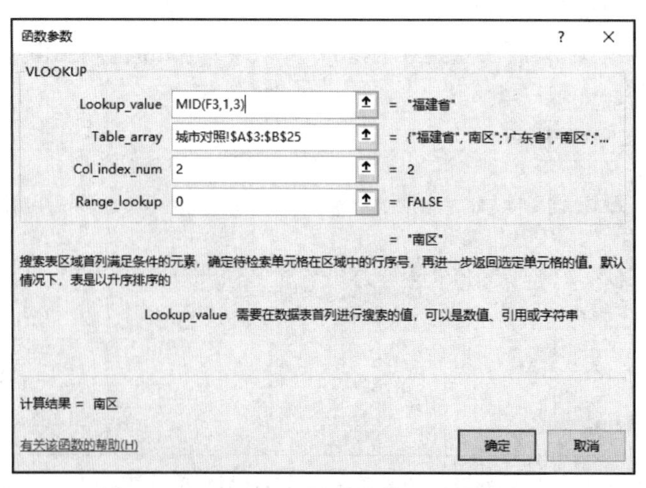

图 6-40　VLOOKUP 函数计算“所属区域”

（5）创建“统计”工作表，显示各区域各类图书的累计销售额。

① 单击“新工作表”按钮，创建一个新的工作表，将其重命名为“统计”。

② 在“统计”工作表中，选择“插入”→“表格”→“数据透视表”→“表格和区域”命令，打开“来自表格或区域的数据透视表”对话框，在“选择表或区域”的“表/区域”文本框中拖动鼠标选择“订单明细”的“A2:H647”数据区域，位置为“现有工作表”，单击“确定”按钮。

仿徨公司销售订单明细表

订单编号	书店名称	图书名称	单价	销量（本）	发货地址	所属区域	销售额小计
BTW-08001	谪仙书店	《计算机基础及MS Office应用》	¥ 41.30	12	福建省厦门市思明区莲岳路118号中烟大厦1702室	南区	¥ 495.60
BTW-08002	成才书店	《嵌入式系统开发技术》	¥ 43.90	20	广东省深圳市南山区蛇口港湾大道2号	南区	¥ 878.00
BTW-08003	成才书店	《操作系统原理》	¥ 41.10	41	上海市闵行区浦星路699号	东区	¥ 1,567.14
BTW-08004	成才书店	《MySQL数据库程序设计》	¥ 39.20	21	上海市浦东新区世纪大道100号上海环球金融中心56楼	东区	¥ 823.20
BTW-08005	谪仙书店	《MS Office高级应用》	¥ 36.30	32	海南省海口市琼山区红城湖路22号	南区	¥ 1,161.60
BTW-08006	谪仙书店	《网络技术》	¥ 34.90	22	云南省昆明市官渡区拓东路6号	西区	¥ 767.80
BTW-08600	谪仙书店	《数据库原理》	¥ 43.20	49	北京市石河子市石河子信息办公室	北区	¥ 1,968.62
BTW-08601	成才书店	《VB语言程序设计》	¥ 39.80	20	重庆市渝中区中山三路155号	西区	¥ 796.00
BTW-08007	成才书店	《数据库技术》	¥ 40.50	12	广东省深圳市龙岗区坂田	南区	¥ 486.00
BTW-08008	谪仙书店	《软件测试技术》	¥ 44.50	32	江西省南昌市西湖区洪城路289号	东区	¥ 1,424.00
BTW-08009	成才书店	《计算机组成与接口》	¥ 37.80	43	北京市海淀区东北旺西路8号	北区	¥ 1,511.62
BTW-08010	学子书店	《计算机基础及Photoshop应用》	¥ 42.50	22	北京市西城区西绒线胡同51号中国会	北区	¥ 935.00
BTW-08011	谪仙书店	《C语言程序设计》	¥ 39.40	31	贵州省贵阳市云岩区中山西路51号	西区	¥ 1,221.40
BTW-08012	学子书店	《信息安全技术》	¥ 36.80	19	贵州省贵阳市中山西路51号	西区	¥ 699.20
BTW-08013	谪仙书店	《数据库原理》	¥ 43.20	43	辽宁省大连中山区长江路123号大连日航酒店4层清苑厅	北区	¥ 1,727.57
BTW-08014	学子书店	《VB语言程序设计》	¥ 39.80	39	四川省成都市城市名人酒店	西区	¥ 1,552.20
BTW-08015	谪仙书店	《Java语言程序设计》	¥ 40.60	30	山西省大同市南城墙永泰西门	北区	¥ 1,218.00
BTW-08016	谪仙书店	《Access数据库程序设计》	¥ 38.60	43	浙江省杭州市西湖区北山路78号香格里拉饭店东楼1栋555房	东区	¥ 1,543.61
BTW-08017	谪仙书店	《软件工程》	¥ 39.30	40	浙江省杭州市西湖区紫金港路21号	东区	¥ 1,461.96
BTW-08018	谪仙书店	《计算机基础及MS Office应用》	¥ 41.30	44	北京市西城区阜成门外大街29号	北区	¥ 1,690.00
BTW-08019	成才书店	《嵌入式系统开发技术》	¥ 43.90	33	福建省厦门市软件园二期观日路44号9楼	南区	¥ 1,448.70
BTW-08020	谪仙书店	《操作系统原理》	¥ 41.10	35	广东省广州市天河区黄埔大道666号	南区	¥ 1,438.50
BTW-08021	成才书店	《MySQL数据库程序设计》	¥ 39.20	22	广东省广州市天河区林和西路1号广州国际贸易中心42层	南区	¥ 862.40
BTW-08022	成才书店	《MS Office高级应用》	¥ 36.30	38	江苏省南京市白下区汉中路89号	东区	¥ 1,379.40
BTW-08023	学子书店	《网络技术》	¥ 34.90	20	天津市和平区南京路189号	北区	¥ 698.00
BTW-08024	谪仙书店	《数据库技术》	¥ 40.50	32	山东省青岛市颐中皇冠假日酒店三层多功能厅	北区	¥ 1,296.00

订单明细　城市对照　图书定价

图 6-41　订单明细表数据区域

③ 将“图书名称”拖至“行”，将“所属区域”拖至“列”，将“销售额小计”拖至“数值”。

④ 选中数据透视表任意区域，选择“数据透视表工具”→“设计”→“布局”→“总计”→“仅对列启用”选项，统计后的结果如图 6-42 所示。

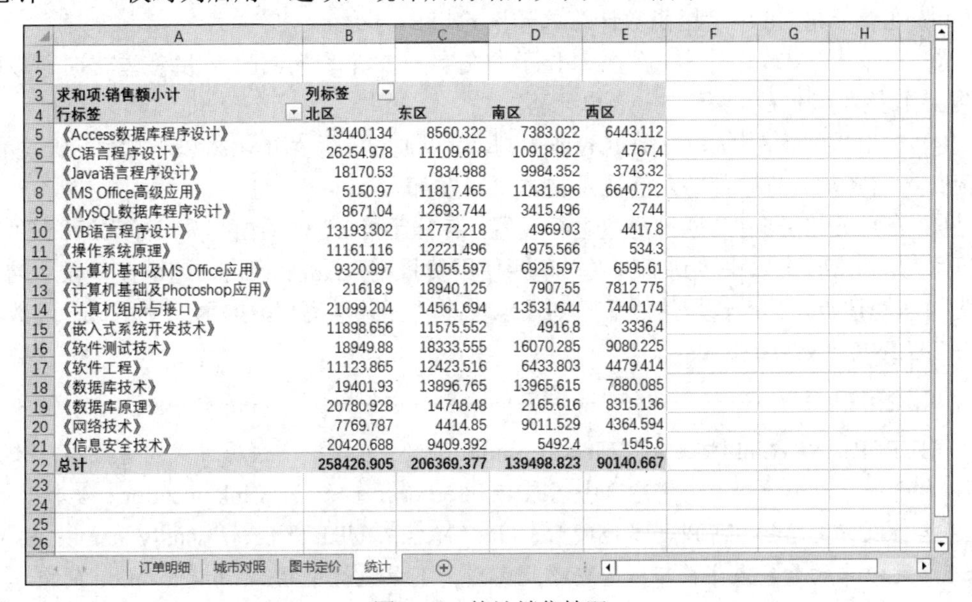

求和项:销售额小计	列标签			
行标签	北区	东区	南区	西区
《Access数据库程序设计》	13440.134	8560.322	7383.022	6443.112
《C语言程序设计》	26254.978	11109.618	10918.922	4767.4
《Java语言程序设计》	18170.53	7834.988	9984.352	3743.32
《MS Office高级应用》	5150.97	11817.465	11431.596	6640.722
《MySQL数据库程序设计》	8671.04	12693.744	3415.496	2744
《VB语言程序设计》	13193.302	12772.218	4969.03	4417.8
《操作系统原理》	11161.116	12221.496	4975.566	534.3
《计算机基础及MS Office应用》	9320.997	11055.597	6925.597	6595.61
《计算机基础及Photoshop应用》	21618.9	18940.125	7907.55	7812.775
《计算机组成与接口》	21099.204	14561.694	13531.644	7440.174
《嵌入式系统开发技术》	11898.656	11575.552	4916.8	3336.4
《软件测试技术》	18949.88	18333.555	16070.285	9080.225
《软件工程》	11123.865	12423.516	6433.803	4479.414
《数据库技术》	19401.93	13896.765	13965.615	7880.085
《数据库原理》	20780.928	14748.48	2165.616	8315.136
《网络技术》	7769.787	4414.85	9011.529	4364.594
《信息安全技术》	20420.688	9409.392	5492.4	1545.6
总计	**258426.905**	**206369.377**	**139498.823**	**90140.667**

订单明细　城市对照　图书定价　统计

图 6-42　统计销售情况

四、实验练习题

请根据文件“Excel 练习 5”的数据，按照下列要求完成操作。

（1）在“差旅费报销”工作表中完成下列任务。

① 将 A1 单元格中的标题内容在“A1:J1”单元格区域中跨列居中对齐（不要合并单元格）。

② 创建一个新的单元格样式，名为“表格标题”，字号为“16”，颜色为“标准蓝色”，应用于 A1 单元格，并适当调整行高。

③ 在单元格区域“H3:H22”使用公式计算住宿费的实际报销金额：在不同城市每天住宿费报销的标准可从工作表“城市住宿费标准”中查询；每次出差报销的住宿费金额为“相应城市的日住宿标准×出差天数（返回日期-出发日期）”。

④ 在单元格区域“I3:I22”使用公式计算每位员工的补助金额，计算方法为“补助标准×出差天数（返回日期-出发日期）”，每天的补助标准可在“职务级别”工作表中查询。

⑤ 在单元格区域“J3:J22”使用公式计算每位员工的报销金额，报销金额=交通费+住宿费+补助金额，在 J23 单元格计算报销金额的总和。

⑥ 在单元格区域“A3:J22”使用条件格式，对“出差天数（返回日期-出发日期）大于等于 5 天”的记录行应用标准红色字体。

（2）在“费用合计”和“车辆使用费报销”工作表中，对 A1 单元格应用单元格样式“表格标题”，并设置为与下方表格等宽的“跨列居中”格式；计算“车辆使用费报销”工作表中合计费用。

（3）在“费用合计”工作表中完成下列任务。

① 在单元格 C4 和 C5 中，分别建立公式，其值等于“差旅费报销”工作表的单元格 J23 和“车辆使用费报销”工作表的单元格 F12。

② 在单元格 C6 中使用函数计算单元格 C4 和 C5 之和。

③ 在单元格 D4 中建立超链接，显示的文字为“填写请点击!”，并在单击时可以跳转到工作表“差旅费报销”的 A3 单元格。

④ 在 B2 单元格中，建立数据验证规则，可以通过下拉菜单填入以下项目：研发部、物流部、财务部、行政部并最终显示文本“研发部”。

⑤ 在单元格 D5 中，通过函数进行设置，若单元格 B2 中的内容为“行政部”或“物流部”，则单击时可以跳转到工作表“车辆使用费报销”A3 单元格的超链接，显示的文本为“填写请点击!”；若是其他部门则显示文本“无须填写!”。提示：使用 IF 函数和 HYPERLINK 函数实现。

知识拓展

HYPERLINK(Link_location,Friendly_name)函数：创建一个快捷方式或者链接，以便可以打开一个存储在硬盘、网络服务器或者 Internet 上的文档。Link_location：要打开的文件名称及完整路径，可以是本地硬盘、UNC 路径或 URL 路径；Friendly_name：要显示在单元格中的数字或字符串，若忽略此参数，则单元格中显示 Link_location 的文本。

实验六　综合实验（三）

一、实验任务

销售部需要针对公司上半年产品销售情况进行统计分析，并对全年销售计划的执行进行评估。

二、实验要求

（1）在“销售业绩表”工作表的“个人销售总计”列中，通过公式计算每名销售人员 1～6 月的销售总和。

（2）依据“个人销售总计”列的统计数据，在“销售业绩表”工作表的“销售排名”列中通过公式计算销售排行榜，个人销售总计排名第一的，显示“第 1 名”；个人销售总计排名第二的，显示“第 2 名”；以此类推。

（3）为了使“销售业绩表”工作表更加美观，要求给其选择一个合适的表格格式。

（4）在“按月统计”工作表中，利用公式计算 1～6 月的销售达标率，即销售额大于 60000 元的人数所占比例，并填写在“销售达标率”行中。要求以百分比格式显示计算数据，并保留两位小数。

（5）在“按月统计”工作表中，分别通过公式计算各月排名第一、第二和第三的销售业绩，并填写在“销售第一名业绩”、“销售第二名业绩”和“销售第三名业绩”所对应的单元格中。要求使用人民币会计专用数据格式，并保留两位小数。

（6）依据“销售业绩表”中的数据明细，在“按部门统计”工作表中创建一个数据透视表，并将其放置于 A1 单元格。要求可以统计出各部门的人员数量，以及各部门的销售额占销售总额的比例。数据透视表效果可以参考“按部门统计”工作表中的样例。

（7）在“销售评估”工作表中创建一个标题为“销售评估”的图表，借助此图表可以清晰地反映每月“A 类产品销售额”和“B 类产品销售额”之和，以及与“计划销售额”的对比情况。图表效果可以参考“销售评估”工作表中的样例。

三、实验步骤

（1）选中“销售业绩表”中的 J3 单元格，在 J3 单元格中输入公式“=SUM(D3:I3)”，按 Enter 键确认；使用鼠标拖动 J3 单元格右下角的填充柄，向下填充到 J46 单元格。

（2）选中“销售业绩表”中的 K3 单元格，单击“公式”→“插入函数”按钮，打开“插入函数”对话框将“或选择类别”设置为“全部”，在“选择函数”列表中选择“RANK.EQ 函数”，依次选取或填入函数参数，如图 6-43 所示。单击“确定”按钮，重新选中 K3 单元格，在编辑栏中函数的前后输入““第”&”和“&“名””，按 Enter 键确认，双击 K3 单元格右下角的填充柄，向下填充到 K46 单元格。

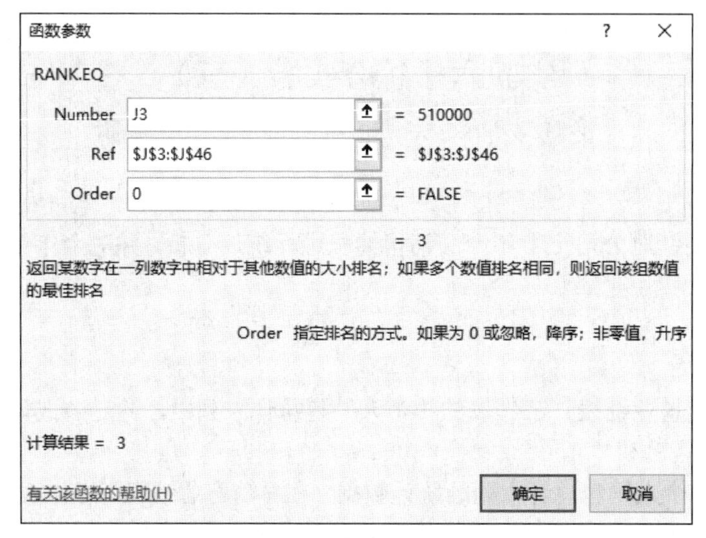

图 6-43　RANK.EQ 函数计算“名次”

知识拓展

RANK.EQ(Number,Ref,Order)函数，返回某数字在一列数字中相对于其他数值的大小排名；若多个数值排名相同，则返回该组数值的最佳排名。Number：指定的数字；Ref：一组数或对一个数据列表的引用；Order：指定排名方式，若为 0 或者忽略，则降序，否则升序。

（3）选中“A2:K46”区域，单击“开始”→“样式”→“套用表格格式”下拉按钮，在打开的下拉列表中选择任意一个样式，完成后如图 6-44 所示。

飞腾公司上半年销售统计表

员工编号	姓名	销售团队	一月份	二月份	三月份	四月份	五月分	六月份	个人销售总计	销售排名
XS28	程小丽	国内销售部	66500	92500	95500	98000	86500	71000	510000	第3名
XS7	张艳	国内销售部	73500	91500	64500	93500	84000	87000	494000	第10名
XS41	卢红	国内销售部	75500	62500	87000	94500	78000	91000	488500	第13名
XS1	刘丽	国内销售部	79500	98500	68000	100000	96000	66000	508000	第5名
XS15	杜月生	国内销售部	82050	63500	90500	97000	65150	99000	497200	第9名
XS30	张成	国内销售部	82500	78000	81000	96500	96500	57000	491500	第11名
XS29	卢红燕	国内销售部	84500	71000	99500	89500	84500	58000	487000	第14名
XS17	李佳	国内销售部	87500	63500	67500	98500	78500	94000	489500	第12名
SC14	杜月红	欧美销售部	88000	82500	83000	75500	62000	85000	476000	第18名
SC39	李成	国内销售部	92000	64000	97000	93000	75000	93000	514000	第2名
XS26	张红军	国内销售部	93000	71500	92000	96500	87000	61000	501000	第7名
XS8	李诗诗	国内销售部	93050	85500	77000	81000	95000	78000	509550	第4名
XS6	杜乐	国内销售部	96000	72500	100000	86000	62000	87500	504000	第6名
XS44	刘大为	国内销售部	96500	86500	90500	94000	99500	70000	537000	第1名
XS38	唐艳霞	国内销售部	97500	76000	72000	92500	84500	78000	500500	第8名
XS34	张恬	欧美销售部	56000	77500	85000	83000	74500	79000	455000	第27名
XS22	李丽敏	欧美销售部	58500	90000	88500	97000	72000	65000	471000	第21名
XS2	马燕	欧美销售部	63000	99500	78500	63150	79500	65500	449150	第30名
XS43	张小丽	国内销售部	69000	89500	92500	73000	58500	96500	479000	第15名
XS20	刘艳	欧美销售部	72500	74500	60500	87000	77000	78000	449500	第29名
XS2	彭立旸	欧美销售部	74000	72500	67000	94000	78000	90000	475500	第19名
XS7	范俊秀	欧美销售部	75500	72500	75000	92000	86000	55000	456000	第26名
SC11	杨伟健	欧美销售部	76500	70000	64000	75000	87000	78000	450500	第28名
XS19	马路刚	欧美销售部	77000	60500	66050	84000	98000	93000	478550	第16名
SC18	杨红敏	欧美销售部	80500	96000	72000	66000	61000	85000	460500	第25名
XS5	李晓晨	欧美销售部	83500	78500	70500	100000	68150	69000	469650	第22名
SC33	郝艳芬	欧美销售部	84500	78500	87500	64500	72000	76500	463500	第24名
XS21	李成	欧美销售部	92500	93500	77000	73000	57000	84000	477000	第17名

销售业绩表　按月统计　按部门统计　销售评估

图 6-44　添加表格格式

（4）计算“按月统计”工作表的销售达标率。

① 选中“按月统计”工作表中的“B3:G3”单元格区域，右击，在弹出的快捷菜单中选择“设置单元格格式”命令，打开“设置单元格格式”对话框，选择“数字”→“分类”→“百分比”选项，将右侧的“小数位数”设置为“2”，单击“确定”按钮。

② 选中 B3 单元格，输入公式“=COUNTIF(表 1[一月份]，">60000")/COUNT(表 1[一月份])”，按 Enter 键确认；使用鼠标拖动 B3 单元格的填充柄，向右填充到 G3 单元格，如图 6-45 所示。

	A	B	C	D	E	F	G
1	飞腾公司上半年销售统计表（按月统计）						
2		一月份	二月份	三月份	四月份	五月份	六月份
3	销售达标率	95.45%	93.18%	97.73%	90.91%	88.64%	90.91%
4	销售第1名业绩						
5	销售第2名业绩						
6	销售第3名业绩						

图 6-45　计算“销售达标率”

知识拓展

COUNTIF(Range,Criteria)函数，计算某个区域中满足给定条件的单元格数目。Range：要计算其中非空单元格数目的区域；Criteria：以数字、表达式或文本形式定义的条件。

（5）通过公式计算各月排名第一、第二和第三的销售业绩。

① 选中工作表的“B4:G6”区域，右击，在弹出的快捷菜单中选择“设置单元格格式”命令，打开“设置单元格格式”对话框，选择“数字”→“分类”→“会计专用”选项，将“小数位数”设置为“2”，“货币符号（国家、地区）”设置为人民币符号“¥”，单击“确定”按钮。

② 选中 B4 单元格，输入公式“=LARGE(表 1[一月份],1)”，按 Enter 键确认；用鼠标拖动 B4 单元格的填充句柄，向右填充到 G4 单元格。

③ 选中 B5 单元格，输入公式“=LARGE(表 1[一月份],2)”，按 Enter 键确认；用鼠标拖动 B5 单元格的填充句柄，向右填充到 G5 单元格。

④ 选中 B6 单元格，输入公式“=LARGE(表 1[一月份],3)”，按 Enter 键确认；用鼠标拖动 B6 单元格的填充句柄，向右填充到 G6 单元格，如图 6-46 所示。

	A	B	C	D	E	F	G
1	飞腾公司上半年销售统计表（按月统计）						
2		一月份	二月份	三月份	四月份	五月份	六月份
3	销售达标率	95.45%	93.18%	97.73%	90.91%	88.64%	90.91%
4	销售第1名业绩	¥ 97,500.00	¥ 99,500.00	¥ 100,000.00	¥ 100,000.00	¥ 99,500.00	¥ 99,000.00
5	销售第2名业绩	¥ 97,000.00	¥ 98,500.00	¥ 99,500.00	¥ 100,000.00	¥ 98,000.00	¥ 96,500.00
6	销售第3名业绩	¥ 96,500.00	¥ 97,500.00	¥ 97,000.00	¥ 98,500.00	¥ 96,500.00	¥ 94,000.00

图 6-46　计算各月份前三名业绩

知识拓展

LARGE(Array,K)函数，返回数据组中的第 K 个最大值。Array：用来计算第 K 个最大值点的数组或数据区域；K：所要返回的最大值点在数组或数据区域中的位置（从最大值开始）。

（6）依据“销售业绩表”中的数据明细创建一个数据透视表。

① 选中“按部门统计”工作表中的A1单元格，选择“插入”→“表格”→“数据透视表”→“表和区域”选项，打开“创建数据透视表”对话框，选中“选择一个表或区域”单选按钮，单击“表/区域”文本框右侧的折叠对话框按钮，单击“销售业绩表”并选择数据区域“A2:K46”，按 Enter 键，打开“创建数据透视表”对话框，最后单击“确定”按钮。

② 拖动“按部门统计”工作表右侧的“数据透视表字段”中的“销售团队”字段到“行区域”中；拖动“销售团队”字段到“值区域”中；拖动“个人销售总计”字段到“值区域”中。

③ 单击“值区域”中的“个人销售总计”右侧的下三角形按钮，在弹出的快捷菜单中选择“值字段设置”命令，打开“值字段设置”对话框，在“值显示方式”下拉列表中选择“总计的百分比”选项，单击“确定”按钮，如图6-47所示。

④ 双击A1单元格，输入标题名称为“部门”；双击B1单元格，打开“值字段设置”对话框，在“自定义名称”文本框中输入“销售团队人数”，单击“确定”按钮；用相同的方法双击C1单元格，打开“值字段设置”对话框，在“自定义名称”文本框中输入“各部门所占销售比例”，单击“确定”按钮，如图6-48所示。

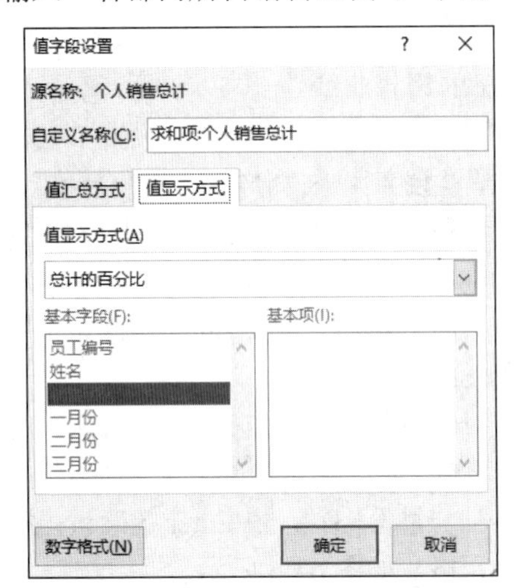

图6-47 “值字段设置”对话框

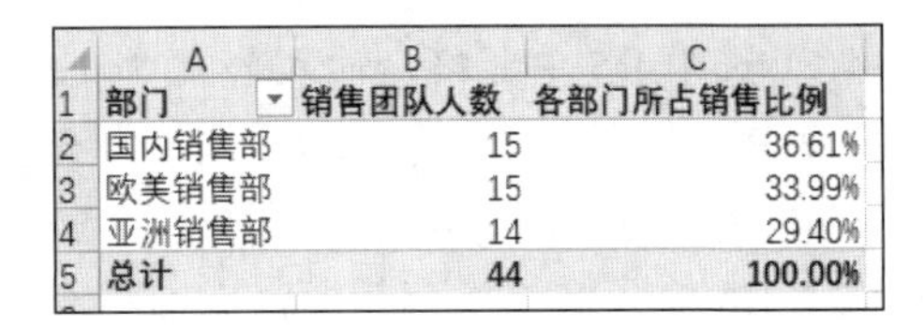

	A	B	C
1	部门	销售团队人数	各部门所占销售比例
2	国内销售部	15	36.61%
3	欧美销售部	15	33.99%
4	亚洲销售部	14	29.40%
5	总计	44	100.00%

图6-48 数据透视表

（7）创建“销售评估”图表。

① 选中“销售评估”工作表中的“A2:G5”单元格区域，单击“插入”→“图表”选项组右下角对话框启动器按钮，打开“插入图表”对话框，在“推荐的图表”选项卡中选择“堆积柱形图”选项。

② 选中创建的图表，将“图表标题”修改为“销售评估”。

③ 单击“图表工具-图表设计”→“图表布局”→“快速布局”→“布局3”图标，打开图表样式，选中图表区中的“计划销售额”图形，右击，在弹出的快捷菜单中选择“设置数据系列格式”命令，打开“设置数据系列格式”任务窗格，单击“系列选项”按钮，在“系列绘制在”组中选中“次坐标轴”单选按钮，将分类间距调整为“25%”。

④ 单击“填充与线条”按钮，在“填充”组中选择“无填充”单选按钮；在“边框”组中选择“实线”单选按钮，将“颜色”设置为“标准色-红色”，将“宽度”设置为“2 磅”。

⑤ 单击选中图表右侧出现的“次坐标轴垂直轴”，按 Delete 键将其删除。

⑥ 适当调整图表的大小和位置，如图 6-49 所示。

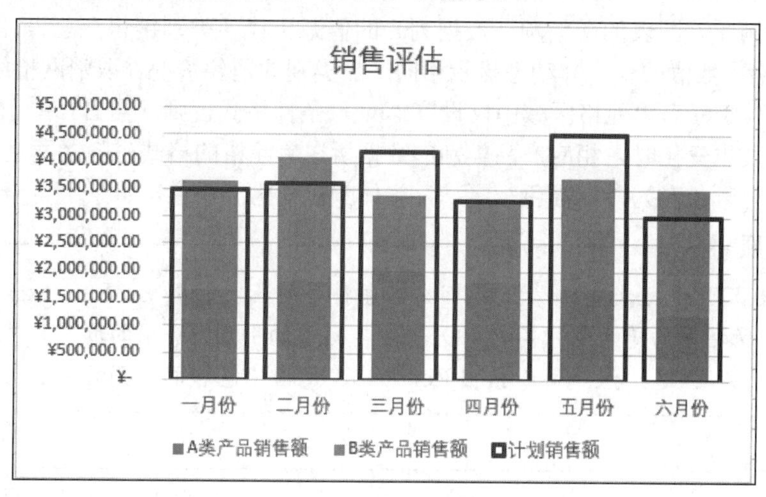

图 6-49　销售评估图表

四、实验练习题

请根据文件“Excel 练习 6”的数据，按照下列要求完成操作。

（1）在“销售资料”工作表中完成以下操作。

① 在“产品价格”列中填入每种产品的价格，具体价格信息可在“产品信息”工作表中查询。

② 在“订购金额”列中计算每个订单的金额，公式为“订单金额=产品价格×订购数量”，并调整为“货币”格式，货币符号为“$”，保留 0 位小数。

③ 修改“销往国家”列中“数据验证”设置的错误，以便可以根据 D 列“销往地区”的不同，在 E 列“销往国家”下拉列表中正确显示对应的国家。例如，若在 D8 单元格中数据为“亚洲”，则在 E8 单元格中的数据验证所提供的下拉列表选项为“马来西亚，新加坡，韩国，日本”。提示：INDIRCT(Ref_text,A1)函数。

④ 冻结工作表的首行。

（2）参照“销售汇总”工作表中的图片，对“销售汇总”工作表进行以下操作。

① 将 A 列中的文本“销往地区”的文字方向改为“竖排”。

② 在“C3:F6”单元格区域中，使用 SUMIFS 函数计算销往不同地区各个类别商品的总金额，并调整为“货币”格式，货币符号为“$”，保留 0 位小数。

③ 在 B8 单元格中设置“数据验证”，以便可以通过下拉列表选择单元格中的数据，下拉列表项为“C2:F2”单元格区域，并将结果显示为“服饰配件”。

④ 定义新的名称“各类别销售汇总”，要求这个名称可以根据 B8 单元格中数值的

变化，动态引用该单元格中显示的产品类别对应的销往各个地区的销售数据。例如，当B8单元格中的数据修改为“自行车配件”时，名称引用的单元格区域为F3:F6。提示，先设定“根据所选内容创建”名称，再定义“名称引用位置时，需要使用INDIRCT函数”。

⑤ 在“C8:F20”单元格区域创建二维簇状柱形图，图表的显示参照“销售汇总”工作表中的例图。图表的图例项（数据列）的值源于“各类别销售汇总”，图表可以根据B8单元格中数值的变化，动态显示不同产品类别的销售情况，取消网格线和图例。

⑥ 在“C3:F6”单元格区域中仅设置“ige”条件格式规则：当B8单元格中所显示的产品类别发生变化时，相应产品类别的数据所在单元格的格式也随之发生动态变化，单元格的填充颜色变为“标准色-红色”，字体颜色变为“白色，背景1”。

知识拓展

INDIRCT(Ref_text,A1)函数：返回文本字符串所指定的引用。Ref_text：单元格引用，该引用所指向的单元格中存放对另一个单元格的引用，引用的形式为“A1，R1C1或是名称”；A1：逻辑值，用以指明Ref_text单元格中包含的引用方式。

知识拓展

SUMIFS(sum_range,criteria_range,criteria,...)函数：按给定条件对一组指定的单元格求和。sum_range：实际求和单元；criteria_range：针对特定条件求值的单元格区域；criteria：以数字、表达式或者文本形式定义的条件，其中criteria_range和criteria表示可以有若干项来满足若干条件。

实验七　综合实验（四）

一、实验任务

东方公司行政助理在年底对公司员工档案信息进行统计汇总和分析。请根据东方公司员工档案表，按照以下要求完成统计和分析工作。

二、实验要求

（1）对“员工档案”工作表进行格式调整，将所有“工资”列设为“保留两位小数”的数值，适当加大行高和列宽。

（2）根据身份证号码，在“员工档案”工作表的“出生日期”列中使用MID函数提取员工生日，单元格式类型为“yyyy年m月d日”。

（3）根据入职时间，在“员工档案”工作表的“工龄”列中使用TODAY函数和INT函数计算员工的工龄。注意，只有工作满一年才能计入“工龄”。

（4）引用“工龄工资”工作表中的数据计算“员工档案表”工作表中员工的工龄工

资，在“基础工资”列中计算每个人的基础工资（基础工资=基本工资+工龄工资）。

（5）根据“员工档案”工作表中的工资数据统计所有人的基础工资总额，并将其填写在“统计报告”工作表的 B2 单元格中。

（6）根据“员工档案”工作表中的工资数据统计项目经理的基本工资总额，并将其填写在“统计报告”工作表的 B3 单元格中。

（7）根据“员工档案”工作表中的数据统计学历为硕士的员工的平均基本工资，并将其填写在“统计报告”工作表的 B4 单元格中。

（8）通过分类汇总功能求出每个职务的平均基本工资。

（9）创建一个饼图，对每个员工的基本工资进行比较，并将该图表放置在“统计报告”中。

知识拓展

TODAY()函数：返回日期格式的当前日期。

三、实验步骤

（1）调整“员工档案”工作表格式。

① 启动“东方公司员工档案.xlsx”，打开“员工档案”工作表。

② 选中所有工资列“K3:M37”区域，单击“开始”→“单元格”→“格式”下拉按钮，在打开的下拉列表中选择“设置单元格格式”命令，打开“设置单元格格式”对话框，在“数字”选项卡“分类”列表中选择“数值”选项，设置“小数位数”为“2”。设置完毕后，单击“确定”按钮。

③ 选中所有单元格内容，单击“开始”→“单元格”→“格式”下拉按钮，在打开的下拉列表中选择“行高”命令，打开“行高”对话框，适当加大行高；按照同样的方法选择“列宽”命令，适当加大列宽。

（2）在“员工档案”工作表的 G3 单元格中输入“=MID(F3,7,4)&"年"&MID(F3,11,2) &"月"&MID(F3,13,2)&"日"”，如图 6-50 所示。按 Enter 键确认，双击 G3 单元格右下角的填充柄向下填充公式到最后一个员工，并适当调整该列的列宽。

G3　=MID(F3,7,4)&"年"&MID(F3,11,2) &"月"&MID(F3,13,2)&"日"

	A	B	C	D	E	F	G	H	I	J	K
1	东方公司员工档案表										
2	员工编号	姓名	性别	部门	职务	身份证号	出生日期	学历	入职时间	工龄	基本工资
3	DF007	曾晓军	男	管理	部门经理	410205196412278211	1964年12月27日	硕士	2001年3月		10000.00
4	DF015	李北大	男	管理	人事行政经理	420316197409283216	1974年09月28日	硕士	2006年12月		9500.00
5	DF002	郭晶晶	女	行政	文秘	110105198903040128	1989年03月04日	大专	2012年3月		3500.00
6	DF013	苏三强	男	研发	项目经理	370108197202213159	1972年02月21日	硕士	2003年8月		12000.00
7	DF017	曾令煊	男	研发	项目经理	110105196410020109	1964年10月02日	博士	2001年6月		18000.00
8	DF008	齐小小	女	管理	销售经理	110102197305120123	1973年05月12日	硕士	2001年10月		15000.00
9	DF003	侯大文	男	管理	研发经理	310108197712121139	1977年12月12日	硕士	2003年7月		12000.00
10	DF004	宋子文	男	研发	员工	372208197510090512	1975年10月09日	本科	2003年7月		5600.00
11	DF005	王清华	男	人事	员工	110101197209021144	1972年09月02日	本科	2001年6月		5600.00
12	DF006	张国庆	男	人事	员工	110108197812120129	1978年12月12日	硕士	2005年9月		6000.00
13	DF009	孙小红	女	行政	员工	551018198607311126	1986年07月31日	本科	2010年5月		4000.00
14	DF010	陈家洛	男	研发	员工	372208197310070512	1973年10月07日	本科	2006年5月		5500.00
15	DF011	李小飞	男	研发	员工	410205197908278231	1979年08月27日	本科	2011年4月		5000.00

图 6-50　用 MID 函数计算出生日期

知识拓展

MID(Text，Start_num，Num_chars)函数：从文本字符串中指定的起始位置起返回指定长度的字符。Text，文本字符串；Start_num，起始位置，Text 第一个字符为 1；Num_chars，需要提取字符串的长度。

（3）在“员工档案”工作表的 J3 单元格中输入“=INT((TODAY()-I3)/365)”，该公式表示“当前日期减去入职时间的余数除以 365 天后再向下取整”，按 Enter 键确认，双击填充柄向下填充公式到最后一个员工，如图 6-51 所示。

知识拓展

INT(Number)函数，将数值向下取整为最接近的整数。Number：要取整的实数。

J3 =INT((TODAY()-I3)/365)

	A	B	C	D	E	F	G	H	I	J	K
1	东方公司员工档案表										
2	员工编号	姓名	性别	部门	职务	身份证号	出生日期	学历	入职时间	工龄	基本工资
3	DF007	曾晓军	男	管理	部门经理	410205196412278211	1964年12月27日	硕士	2001年3月	21	10000.00
4	DF015	李北大	男	管理	人事行政经理	420316197409283216	1974年09月28日	硕士	2006年12月	16	9500.00
5	DF002	郭晶晶	女	行政	文秘	110105198903040128	1989年03月04日	大专	2012年3月	10	3500.00
6	DF013	苏三强	男	研发	项目经理	370108197202213159	1972年02月21日	硕士	2003年8月	19	12000.00
7	DF017	曾令煊	男	研发	项目经理	110105196410020109	1964年10月02日	博士	2001年6月	21	18000.00
8	DF008	齐小小	女	管理	销售经理	110102197305120123	1973年05月12日	硕士	2001年10月	21	15000.00
9	DF003	侯大文	男	管理	研发经理	310108197712121139	1977年12月12日	硕士	2003年7月	19	12000.00
10	DF004	宋子文	男	研发	员工	372208197510090512	1975年10月09日	本科	2003年7月	19	5600.00
11	DF005	王清华	男	人事	员工	110101197209021144	1972年09月02日	本科	2001年6月	21	5600.00
12	DF006	张国庆	男	人事	员工	110108197812120129	1978年12月12日	硕士	2005年9月	17	6000.00
13	DF009	孙小红	女	行政	员工	551018198607311126	1986年07月31日	本科	2010年5月	12	4000.00

图 6-51　用 INT 函数计算工龄

（4）计算工龄工资及基础工资。

① 在“员工档案”工作表的 L3 单元格中输入“=J3*工龄工资!$B$3”，按 Enter 键确认，双击填充柄向下填充公式到最后一个员工。

② 在 M3 单元格中输入“=K3+L3”，按 Enter 键确认，双击填充柄向下填充公式到最后一个员工，如图 6-52 所示。

	C	D	E	F	G	H	I	J	K	L	M
1											
2	性别	部门	职务	身份证号	出生日期	学历	入职时间	工龄	基本工资	工龄工资	基础工资
3	男	管理	部门经理	410205196412278211	1964年12月27日	硕士	2001年3月	21	10000.00	2100.00	12100.00
4	男	管理	人事行政经理	420316197409283216	1974年09月28日	硕士	2006年12月	16	9500.00	1600.00	11100.00
5	女	行政	文秘	110105198903040128	1989年03月04日	大专	2012年3月	10	3500.00	1000.00	4500.00
6	男	研发	项目经理	370108197202213159	1972年02月21日	硕士	2003年8月	19	12000.00	1900.00	13900.00
7	男	研发	项目经理	110105196410020109	1964年10月02日	博士	2001年6月	21	18000.00	2100.00	20100.00
8	女	管理	销售经理	110102197305120123	1973年05月12日	硕士	2001年10月	21	15000.00	2100.00	17100.00
9	男	管理	研发经理	310108197712121139	1977年12月12日	硕士	2003年7月	19	12000.00	1900.00	13900.00
10	男	研发	员工	372208197510090512	1975年10月09日	本科	2003年7月	19	5600.00	1900.00	7500.00
11	男	人事	员工	110101197209021144	1972年09月02日	本科	2001年6月	21	5600.00	2100.00	7700.00
12	男	人事	员工	110108197812120129	1978年12月12日	硕士	2005年9月	17	6000.00	1700.00	7700.00
13	女	行政	员工	551018198607311126	1986年07月31日	本科	2010年5月	12	4000.00	1200.00	5200.00

图 6-52　计算工龄工资及基础工资

（5）在“统计报告”工作表的 B2 单元格中输入“=SUM(员工档案!M3:M37)”，按 Enter 键确认。

（6）在“统计报告”工作表的 B3 单元格中输入“=SUMIF(员工档案!E3:E37,"项目经理",员工档案!K3:K37)”，如图 6-53 所示。按 Enter 键确认。

B3　=SUMIF(员工档案!E3:E37,"项目经理",员工档案!K3:K37)

	A	B	C	D	E	F
1	统计报告					
2	所有人的基础工资总额	315800				
3	项目经理的基本工资总额	30000				
4	硕士平均基本工资					
5						
6						

图 6-53　用 SUMIF 函数计算项目经理的基础工资总额

知识拓展

SUMIF(Range,Criteria,Sum_range)函数，对满足条件的单元格求和。Range：判断是否满足 Criteria 条件的单元格区域；Criteria：以数字、表达式或文本形式定义的条件；Sum_range：用于求和计算的实际单元格，若省略，则将使用区域中的单元格。

（7）在“统计报告”工作表的 B4 单元格中输入“=AVERAGEIF(员工档案!H3:H37, "硕士", 员工档案!K3:K37)”，如图 6-54 所示。按 Enter 键确认。

B4　=AVERAGEIF(员工档案!H3:H37, "硕士", 员工档案!K3:K37)

	A	B	C	D	E	F
1	统计报告					
2	所有人的基础工资总额	315800				
3	项目经理的基本工资总额	30000				
4	硕士平均基本工资	8891.666667				
5						
6						

图 6-54　用 AVERAGEIF 函数计算硕士平均基本工资

知识拓展

AVERAGEIF(Range,Criteria,Sum_range)函数，查找给定条件指定单元格的平均值（算术平均值）。Range：判断是否满足 Criteria 条件的单元格区域；Criteria：以数字、表达式或文本形式定义的条件；Average_range：用于查找平均值的实际单元格，若省略，则将使用区域中的单元格。

（8）按照“职务”进行排序后，选中“员工档案”工作表中的“A2:M37”单元格区域，单击“数据”→“分级显示”→“分类汇总”按钮，打开“分类汇总”对话框，在“分类字段”下拉列表中选择“职务”选项；在“汇总方式”下拉列表中选择“平均值”选项；在“选定汇总项”列表中选中“基础工资”复选框，如图 6-55 所示。单击“确定”按钮。

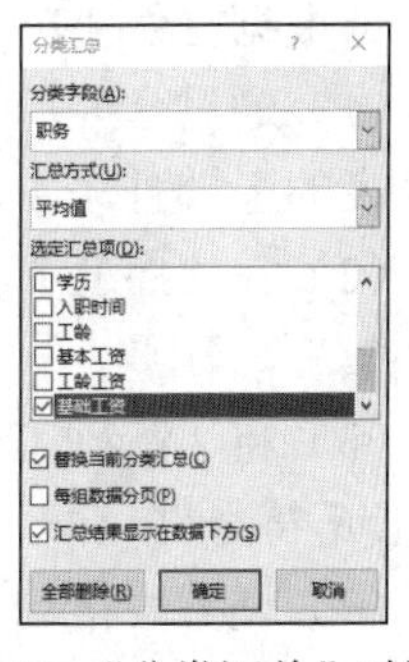

图 6-55　“分类汇总”对话框

（9）创建一个饼图，该图表能够清晰地查看各职务平均基础工资。

① 单击“分类汇总”按钮，设置“分级显示”为“2”级，显示内容如图 6-56 所示。

② 选择“E2:E45”单元格区域，按住 Ctrl 键不放，再选择“M2:M45”单元格区域数据，单击“插入”→“图表”→“插入饼图或圆环图”下拉按钮，在打开的下拉列表

中选择“二维饼图”→“饼图”图表样式，此时会在工作表中生成一个图表。

	C	D	E	F	G	H	I	J	K	L	M
2	性别	部门	职务	身份证号	出生日期	学历	入职时间	工龄	基本工资	工龄工资	基础工资
4			部门经理 平均值								12100.00
6			人事行政经理 平均值								11100.00
8			文秘 平均值								4500.00
11			项目经理 平均值								17000.00
13			销售经理 平均值								17100.00
15			研发经理 平均值								13900.00
43			员工 平均值								6703.70
45			总经理 平均值								42100.00
46			总计平均值								9022.86
47											

图 6-56 “分类汇总”分级显示内容

③ 选中新生成的图表，单击“图表工具-图表设计”→“位置”→“移动图表”按钮，打开“移动图表”对话框，在“对象位于”右侧的下拉列表中选择“统计报告”，单击“确定”按钮，即可将此图表放置于“统计报告”工作表中，如图 6-57 所示。

图 6-57 “统计报告”工作表内容

四、实验练习题

请根据文件“Excel 练习 7”的数据，按照下列要求完成操作。

（1）通过合并单元格，将表标题名称“东方公司 2021 年 3 月员工工资表”放置于整个表的上端且居中，并调整字体和字号。

（2）在“序号”列中分别填入数字 1～15，将其数据格式设置为“数值”“保留 0 位小数”“居中”。

（3）将“基础工资”（含）往右各列设置数据格式为“会计专用”“保留两位小数”“无货币符号”。

（4）调整表格列宽、对齐方式，使其显示更加美观。设置纸张大小为“A4”，方向为“横向”，需要将整个工作表调整到一个打印页内。

（5）参考“工资薪金所得税率.xlsx”，利用 IF 函数计算“应交个人所得税税额”列（提示：应交个人所得税税额=应纳税所得额×对应税率-对应速算扣除数）。

（6）利用公式计算“实发工资”列，公式为“实发工资=应付工资合计-社保金额-

应交个人所得税税额”。

（7）复制“2021 年 3 月”工作表，将副本放置于原表的右侧，并重命名为“分类汇总”。

（8）在“分类汇总”工作表中，通过分类汇总功能求出各部门“应付工资合计”“实发工资”的和，并且每组数据不分页。

实验八　综合实验（五）

一、实验任务

期末考试结束了，教师需要对本班学生的各科考试成绩进行统计分析，并制作一份成绩通知单发给家长。按照下列要求完成该班的成绩统计工作，并按原文件名进行保存。

二、实验要求

（1）打开工作簿“学生成绩.xlsx”，在最左侧插入一个空白工作表，重命名为“初三学生档案”，并将该工作表标签颜色设置为“紫色（标准色）”。

（2）将以“制表符”分隔的文本文件“学生档案.txt”自 A1 单元格开始导入工作表“初三学生档案”中，注意不得改变原始数据的排列顺序。将第 1 列数据从左到右依次分成“学号”和“姓名”两列显示。最后创建一个名为“档案”的表，该表包含数据区域“A1:G56”和标题，同时删除外部链接。

（3）在工作表“初三学生档案”中，利用公式及函数依次输入每个学生的性别“男”或“女”、出生日期“××××年××月××日”和年龄。其中，身份证号码的倒数第二位用于判断性别，奇数为男性，偶数为女性；身份证号码的第 7 位至第 14 位代表出生年月日；年龄需要按照周岁计算。适当调整工作表的“行高”“列宽”“对齐方式”等，以便阅读。

（4）参考工作表“初三学生档案”，在工作表“语文”中输入与学号对应的“姓名”；按照平时成绩、期中成绩、期末成绩各占 30%、30%、40%的比例，计算每个学生的“学期成绩”并填入相应单元格中；按照成绩由高到低的顺序统计每个学生的“学期成绩”排名，并按“第 n 名”的形式填入“班级名次”列中；按照下列条件填写“期末总评”。

语文、数学的学期成绩	其他科目的学期成绩	期末总评
≥102	≥90	优秀
≥84	≥75	良好
≥72	≥60	及格
<72	<60	不合格

（5）将工作表“语文”的格式全部应用到其他科目工作表中，包括“行高”（各行“行高”均默认为“22”）和“列宽”（各列“列宽”均默认为“14”）并按上述（4）中的要求依次输入或统计其他科目的“姓名”“学期成绩”“班级名次”“期末总评”。

（6）分别将各科的“学期成绩”引入工作表“期末总成绩”的相应列中，在工作表“期末总成绩”中依次引入“姓名”“计算各科的平均分”“每个学生的总分”，并按成绩由高到低的顺序统计每个学生的总分排名，并以“1、2、3……”的形式标识名次，最后将所有成绩的数字格式设置为“数值”“保留两位小数”。

（7）在工作表“期末总成绩”中，分别用“标准色-红色”和“加粗”格式标出各科第一名成绩。同时，将前十名的总分成绩用“浅蓝色”填充。

（8）调整工作表“期末总成绩”的页面布局以便打印。纸张方向设为“横向”，缩减打印输出以使所有列只占一个页面宽度（不得缩小列宽），让表格在纸上水平居中打印。

三、实验步骤

（1）创建“初三学生档案”工作表。

① 打开“学生成绩.xlsx”，右击“语文”工作表标签，在弹出的快捷菜单中选择“插入”命令，在打开的“插入”对话框中单击“工作表”图标，单击“确定”按钮。

② 双击新插入的工作表标签，将其重命名为“初三学生档案”。右击该工作表标签，在弹出的快捷菜单中选择“工作表标签颜色”命令，在弹出的级联菜单中选择“标准色-紫色”选项。

（2）将数据导入“初三学生档案”工作表中。

① 选中“初三学生档案”工作表的A1单元格，单击“数据”→“获取外部数据”→“自文本”按钮，打开“导入文本文件”对话框，选择“学生档案.txt”文件，单击“导入”按钮。在打开的“文本导入向导 第1步，共3步”对话框中选中“原始数据类型”→“分隔符号”单选按钮，将“文件原始格式”设置为“54936:简体中文(GB18030)”，如图6-58所示。

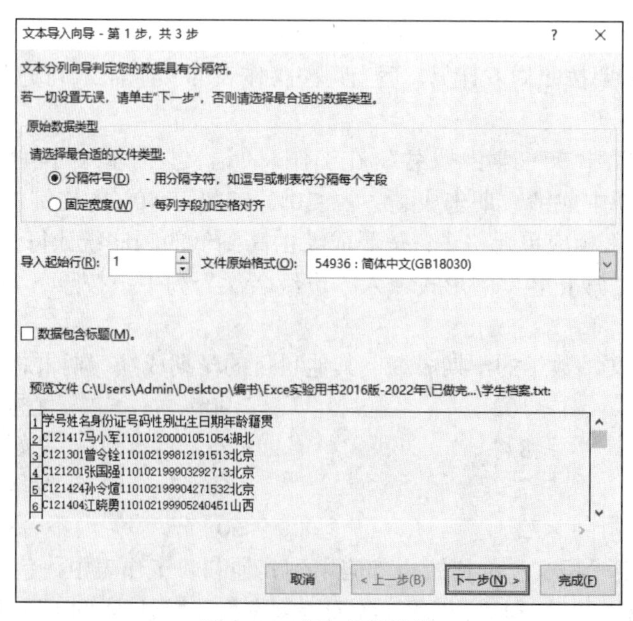

图6-58　获取外部数据

② 单击“下一步”按钮，只选中“分隔符”列表中的“Tab 键”复选框。单击“下一步”按钮，选中“身份证号码”列，在“列数据格式”组中选择“文本”单选按钮，单击“完成”按钮，如图 6-59 所示。在打开的对话框中保持默认，单击“确定”按钮。

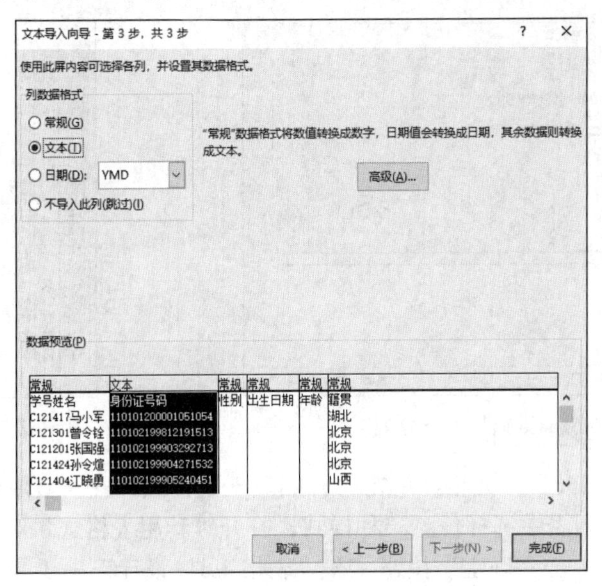

图 6-59　数据导入—文本修改

③ 选中 B 列单元格，右击，在弹出的快捷菜单中选择“插入”命令。选择 A1 单元格，将光标置于“学号”和“姓名”之间，按 3 次空格键，使数据“姓名”和“马小军”对齐。然后选中 A 列单元格，单击“数据”→“分列”按钮，在打开的对话框中选中“固定宽度”单选按钮，如图 6-60 所示。

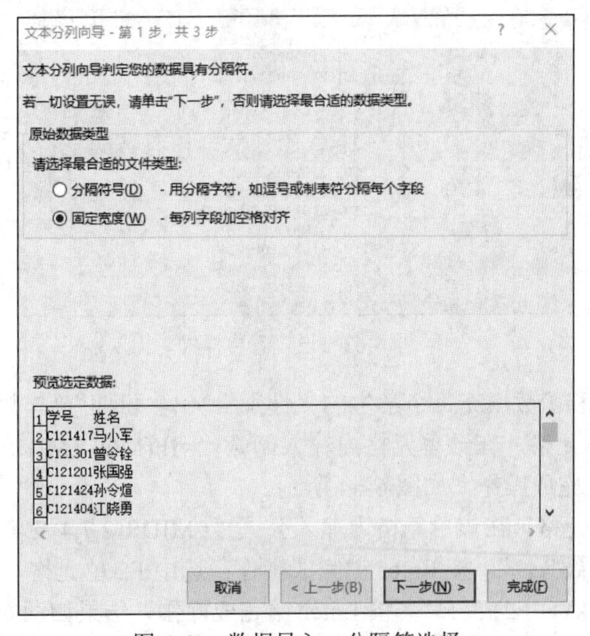

图 6-60　数据导入—分隔符选择

④ 单击“下一步”按钮，直接单击图 6-61 所示位置，创建分列线。

⑤ 单击“下一步”按钮，保持默认设置，单击“完成”按钮，如图 6-62 所示。此时，原 A 列数据已被分为 A、B 两列。

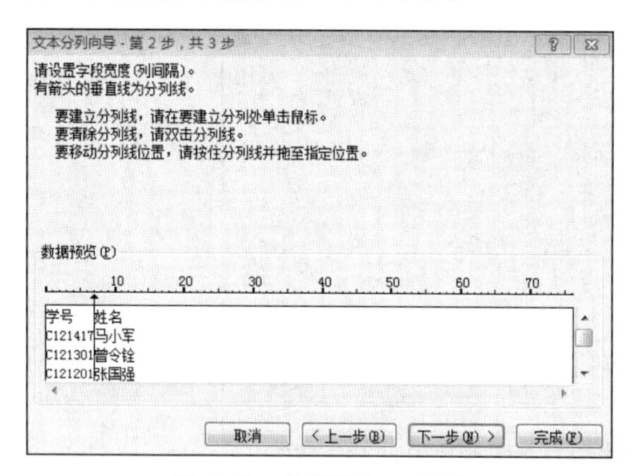

图 6-61 数据导入—分列

	A	B
1	学号	姓名
2	C121417	马小军
3	C121301	曾令铨
4	C121201	张国强
5	C121424	孙令煊
6	C121404	江晓勇
7	C121001	吴小飞
8	C121422	姚南
9	C121425	杜学江
10	C121401	宋子丹
11	C121439	吕文伟
12	C120802	符坚
13	C121411	张杰
14	C120901	谢如雪
15	C121440	方天宇
16	C121413	莫一明
17	C121423	徐霞客
18	C121432	孙玉敏
19	C121101	徐鹏飞
20	C121403	张雄杰

图 6-62 数据导入完毕

⑥ 选中“A1:G56”单元格，单击“开始”→“样式”→“套用表格格式”下拉按钮，在打开的下拉列表中选择任意一种样式，打开“套用表格式”对话框，选中“表包含标题”复选框，单击“确定”按钮。在“表格工具-设计”→“属性”组中，将“表名称”设置为“档案”，如图 6-63 所示。

表名称：档案　调整表格大小　属性｜通过数据透视表汇总　删除重复值　转换为区域　插入切片器　工具｜导出　刷新　外部表数据｜☑标题行 □第一列 ☑筛选按钮 □汇总行 □最后一列 ☑镶边行 □镶边列　表格样式选项

A1　学号

	A	B	C	D	E	F	G
1	学号	姓名	身份证号码	性别	出生日期	年龄	籍贯
2	C121417	马小军	110101200001051054				湖北
3	C121301	曾令铨	110102199812191513				北京
4	C121201	张国强	110102199903292713				北京
5	C121424	孙令煊	110102199904271532				北京
6	C121404	江晓勇	110102199905240451				山西
7	C121001	吴小飞	110102199905281913				北京
8	C121422	姚南	110103199903040920				北京
9	C121425	杜学江	110103199903270623				北京
10	C121401	宋子丹	110103199904290936				北京
11	C121439	吕文伟	110103199908171548				湖南
12	C120802	符坚	110104199810261737				山西
13	C121411	张杰	110104199903051216				北京
14	C120901	谢如雪	110105199807142140				北京
15	C121440	方天宇	110105199810054517				河北
16	C121413	莫一明	110105199810212519				北京

图 6-63 设置表格样式

（3）利用公式和函数填充每个学生的“性别”“出生日期”“年龄”。

① 选中 D2 单元格，在该单元格内输入函数“=IF(MOD(MID(C3,17,1),2)=1,"男","女")”，按 Enter 键完成操作，如图 6-64 所示。

② 选中 E2 单元格，在该单元格内输入公式“=MID(C2,7,4)&"年"&MID(C2,11,2)&"月"&MID(C2,13,2)&"日"”，按 Enter 键完成操作；选中 F2 单元格，在该单元格内输入公式“=INT((TODAY()-E2)/365)”，按 Enter 键完成操作，结果如图 6-65 所示。

D2 =IF(MOD(MID(C3,17,1),2)=1,"男","女")

	A	B	C	D	E	F	G
1	学号	姓名	身份证号码	性别	出生日期	年龄	籍贯
2	C121417	马小军	110101200001051054	男			湖北
3	C121301	曾令铨	110102199812191513	男			北京
4	C121201	张国强	110102199903292713	男			北京
5	C121424	孙令煊	110102199904271532	男			北京
6	C121404	江晓勇	110102199905240451	男			山西
7	C121001	吴小飞	110102199905281913	女			北京
8	C121422	姚南	110103199903040920	女			北京
9	C121425	杜学江	110103199903270623	男			北京
10	C121401	宋子丹	110103199904290936	女			北京
11	C121439	吕文伟	110103199908171548	男			湖南
12	C120802	符坚	110104199810261737	男			山西

图 6-64 计算“性别”列

F2 =INT((TODAY()-E2)/365)

	A	B	C	D	E	F	G
1	学号	姓名	身份证号码	性别	出生日期	年龄	籍贯
2	C121417	马小军	110101200001051054	男	2000年01月05日	23	湖北
3	C121301	曾令铨	110102199812191513	男	1998年12月19日	24	北京
4	C121201	张国强	110102199903292713	男	1999年03月29日	23	北京
5	C121424	孙令煊	110102199904271532	男	1999年04月27日	23	北京
6	C121404	江晓勇	110102199905240451	男	1999年05月24日	23	山西
7	C121001	吴小飞	110102199905281913	女	1999年05月28日	23	北京
8	C121422	姚南	110103199903040920	女	1999年03月04日	23	北京
9	C121425	杜学江	110103199903270623	男	1999年03月27日	23	北京
10	C121401	宋子丹	110103199904290936	女	1999年04月29日	23	北京
11	C121439	吕文伟	110103199908171548	男	1999年08月17日	23	湖南
12	C120802	符坚	110104199810261737	男	1998年10月26日	24	山西
13	C121411	张杰	110104199903051216	女	1999年03月05日	23	北京
14	C120901	谢如雪	110105199807142140	男	1998年07月14日	24	北京
15	C121440	方天宇	110105199810054517	男	1998年10月05日	24	河北
16	C121413	莫一明	110105199810212519	男	1998年10月21日	24	北京
17	C121423	徐霞客	110105199811111135	女	1998年11月11日	24	北京
18	C121432	孙玉敏	110105199906036123	男	1999年06月03日	23	山东

图 6-65 计算“出生日期”“年龄”列结果

③ 选中“A1:G56”区域，单击“开始”→“对齐方式”→“居中”按钮，适当调整表格的行高和列宽。

（4）对“语文”工作表进行操作。

① 进入“语文”工作表中，选择 B2 单元格，在该单元格内输入函数“=VLOOKUP(A2,档案[[学号]:[姓名]],2,0)”，按 Enter 键，利用自动填充功能对其他单元格进行填充，如图 6-66 所示。

B2 =VLOOKUP(A2,档案[[学号]:[姓名]],2,0)

	A	B	C	D	E	F
1	学号	姓名	平时成绩	期中成绩	期末成绩	学期成绩
2	C121401	宋子丹	97.00	96.00	102.00	
3	C121402	郑菁华	99.00	94.00	101.00	
4	C121403	张雄杰	98.00	82.00	91.00	
5	C121404	江晓勇	87.00	81.00	90.00	
6	C121405	齐小娟	103.00	98.00	96.00	
7	C121406	孙如红	96.00	86.00	91.00	
8	C121407	甄士隐	109.00	112.00	104.00	
9	C121408	周梦飞	81.00	71.00	88.00	
10	C121409	杜春兰	103.00	108.00	106.00	
11	C121410	苏国强	95.00	85.00	89.00	
12	C121411	张杰	90.00	94.00	93.00	

图 6-66 VLOOKUP 函数求“姓名”列

② 选择 F2 单元格，在该单元格中输入函数“=SUM(C2*30%)+(D2*30%)+(E2*

40%)”，按 Enter 键完成操作，如图 6-67 所示。

F2 =SUM(C2*30%)+(D2*30%)+(E2*40%)

	A	B	C	D	E	F
1	学号	姓名	平时成绩	期中成绩	期末成绩	学期成绩
2	C121401	宋子丹	97.00	96.00	102.00	98.70
3	C121402	郑菁华	99.00	94.00	101.00	98.30
4	C121403	张雄杰	98.00	82.00	91.00	90.40
5	C121404	江晓勇	87.00	81.00	90.00	86.40
6	C121405	齐小娟	103.00	98.00	96.00	98.70
7	C121406	孙如红	96.00	86.00	91.00	91.00
8	C121407	甄士隐	109.00	112.00	104.00	107.90
9	C121408	周梦飞	81.00	71.00	88.00	80.80
10	C121409	杜春兰	103.00	108.00	106.00	105.70
11	C121410	苏国强	95.00	85.00	89.00	89.60
12	C121411	张杰	90.00	94.00	93.00	92.40

图 6-67 SUM 函数计算“学期成绩”列

③ 选择 G2 单元格，在该单元格内输入函数“="第"&RANK(F2,$F$2:$F$45)&"名"”，按 Enter 键完成操作，双击填充柄对其他单元格进行填充，如图 6-68 所示。

G2 ="第"&RANK(F2,$F$2:$F$45)&"名"

	A	B	C	D	E	F	G
1	学号	姓名	平时成绩	期中成绩	期末成绩	学期成绩	班级名次
2	C121401	宋子丹	97.00	96.00	102.00	98.70	第13名
3	C121402	郑菁华	99.00	94.00	101.00	98.30	第14名
4	C121403	张雄杰	98.00	82.00	91.00	90.40	第28名
5	C121404	江晓勇	87.00	81.00	90.00	86.40	第33名
6	C121405	齐小娟	103.00	98.00	96.00	98.70	第11名
7	C121406	孙如红	96.00	86.00	91.00	91.00	第26名
8	C121407	甄士隐	109.00	112.00	104.00	107.90	第1名
9	C121408	周梦飞	81.00	71.00	88.00	80.80	第42名
10	C121409	杜春兰	103.00	108.00	106.00	105.70	第2名
11	C121410	苏国强	95.00	85.00	89.00	89.60	第30名
12	C121411	张杰	90.00	94.00	93.00	92.40	第23名

图 6-68 RANK 函数计算“名次”列

④ 选择 H2 单元格，在该单元格中输入公式“=IF(F2>=102,"优秀",IF(F2>=84,"良好",IF(F2>=72,"及格","不及格")))”，按 Enter 键完成操作，双击填充柄对其他单元格进行填充，如图 6-69 所示。

H2 =IF(F2>=102,"优秀",IF(F2>=84,"良好", IF(F2>=72,"及格","不及格")))

	B	C	D	E	F	G	H
1	姓名	平时成绩	期中成绩	期末成绩	学期成绩	班级名次	期末总评
2	宋子丹	97.00	96.00	102.00	98.70	第13名	良好
3	郑菁华	99.00	94.00	101.00	98.30	第14名	良好
4	张雄杰	98.00	82.00	91.00	90.40	第28名	良好
5	江晓勇	87.00	81.00	90.00	86.40	第33名	良好
6	齐小娟	103.00	98.00	96.00	98.70	第11名	良好
7	孙如红	96.00	86.00	91.00	91.00	第26名	良好
8	甄士隐	109.00	112.00	104.00	107.90	第1名	优秀
9	周梦飞	81.00	71.00	88.00	80.80	第42名	及格
10	杜春兰	103.00	108.00	106.00	105.70	第2名	优秀
11	苏国强	95.00	85.00	89.00	89.60	第30名	良好
12	张杰	90.00	94.00	93.00	92.40	第23名	良好

图 6-69 填充“期末总评”列

（5）参照“语文”工作表，对“数学”“英语”“物理”“化学”工作表进行操作。

① 选择“语文”工作表中“A1: H45”单元格区域，按 Ctrl+C 组合键进行复制，进入“数学”工作表中，选择“A1: H45”区域，右击，在弹出的快捷菜单中单击“粘贴”→“格式”按钮。

② 继续选择“数学”工作表中的“A1: H45”区域，单击“开始”→“单元格”→“格式”下拉按钮，在打开的下拉列表中选择“行高”命令，打开“行高”对话框将“行高”设置为“22”，单击“确定”按钮。单击“格式”下拉按钮，在打开的下拉列表中选择“列宽”命令，打开“列宽”对话框，将“列宽”设置为“14”，单击“确定”按钮。使用同样的方法为其他科目的工作表设置相同的格式，包括“行高”和“列宽”。

③ 将“语文”工作表中的公式粘贴到“数学”工作表中对应的单元格内，然后利用自动填充功能对单元格进行填充。

④ 在“英语”工作表中的 H2 单元格中输入公式“=IF(F2>=90,"优秀",IF(F2>=75,"良好",IF(F2>=60,"及格",IF(F2>60,"及格","不及格"))))”，按 Enter 键完成操作，利用自动填充功能对其他单元格进行填充。

⑤ 将“英语”工作表 H2 单元格中的公式粘贴到“物理”“化学”工作表中的 H2 单元格中，利用自动填充功能对其他单元格进行填充。

（6）对“期末总成绩”工作表进行操作。

① 进入“期末总成绩”工作表中，选择 B3 单元格，在该单元格中输入公式“=VLOOKUP(A3,档案[[学号]:[姓名]],2,0)”，按 Enter 键完成操作，利用自动填充功能将其填充至 B46 单元格。

② 选择 C3 单元格，在该单元格中输入公式“=VLOOKUP(A3,语文!$A$2:$F$45,6,0)”，按 Enter 键完成操作，利用自动填充功能将其填充至 C46 单元格。使用相同的方法为其他科目填充平均分，如图 6-70 所示。

初三（14）班第一学期期末成绩表

学号	姓名	语文	数学	英语	物理	化学	总分	总分排名
C121401	宋子丹	98.7	87.9	84.5	93.8	76.2		
C121402	郑菁华	98.3	112.2	88	96.6	78.6		
C121403	张雄杰	90.4	103.6	95.3	93.8	72.3		
C121404	江晓勇	86.4	94.8	94.7	93.5	84.5		
C121405	齐小娟	98.7	108.8	87.9	96.7	75.8		
C121406	孙如红	91	105	94	75.9	77.9		
C121407	甄士隐	107.9	95.9	90.9	95.6	89.6		
C121408	周梦飞	80.8	92	96.2	73.6	68.9		
C121409	杜春兰	105.7	81.2	94.5	96.8	63.7		
C121410	苏国强	89.6	80.1	77.9	76.9	80.5		
C121411	张杰	92.4	104.3	91.8	94.1	75.3		

图 6-70　填充期末总成绩表各列成绩

③ 选择 H3 单元格，在该单元格中输入公式“=SUM(C3:G3)”，按 Enter 键完成操作，利用自动填充功能将其填充至 J46 单元格。

④ 选择 I3 单元格，在该单元格中输入公式“=RANK(H3,$H$3:$H$46)”，按 Enter 键完成操作，利用自动填充功能将其填充至 K46 单元格。

⑤ 选择 C47 单元格，在该单元格中输入公式“=AVERAGE(C3:C46)”，按 Enter 键

完成操作，利用自动填充功能将其填充至 G47 单元格。

⑥ 选择“C3: H47”单元格区域，右击，在弹出的快捷菜单中选择“设置单元格格式”命令，打开“设置单元格格式”对话框，选择“数字”选项卡，选择“分类”列表中的“数值”选项，将“小数位数”设置为“2”，单击“确定”按钮，结果如图 6-71 所示。

	A	B	C	D	E	F	G	H	I
1	初三（14）班第一学期期末成绩表								
2	学号	姓名	语文	数学	英语	物理	化学	总分	总分排名
3	C121401	宋子丹	98.70	87.90	84.50	93.80	76.20	441.10	33
4	C121402	郑菁华	98.30	112.20	88.00	96.60	78.60	473.70	4
5	C121403	张雄杰	90.40	103.60	95.30	93.80	72.30	455.40	10
6	C121404	江晓勇	86.40	94.80	94.70	93.50	84.50	453.90	13
7	C121405	齐小娟	98.70	108.80	87.90	96.70	75.80	467.90	5
8	C121406	孙如红	91.00	105.00	94.00	75.90	77.90	443.80	27
9	C121407	甄士隐	107.90	95.90	90.90	95.60	89.60	479.90	2
10	C121408	周梦飞	80.80	92.00	96.20	73.60	68.90	411.50	42
11	C121409	杜春兰	105.70	81.20	94.50	96.80	63.70	441.90	32
12	C121410	苏国强	89.60	80.10	77.90	76.90	80.50	405.00	43
13	C121411	张杰	92.40	104.30	91.80	94.10	75.30	457.90	8
14	C121412	吉莉莉	93.30	83.20	93.50	78.30	67.60	415.90	41
15	C121413	莫一明	98.70	91.90	91.20	78.80	81.60	442.20	31

图 6-71 “期末总成绩”表数据结果

（7）设置“期末总成绩”工作表中“各科第一名成绩”的格式。

① 选择“C3: C46”单元格区域，单击“开始”→“样式”→“条件格式”按钮，在打开的下拉列表中选择“新建规则”命令，打开“新建格式规则”对话框，选择“选择规则类型”列表中的“仅对排名靠前或靠后的数值设置格式”选项，然后在“编辑规则说明”组中将“对以下排列的数值设置格式”设置为“最高”和“1”，如图 6-72 所示；单击“格式”按钮，在打开的“设置单元格格式”对话框中将“字形”设置为“加粗”，将“颜色”设置为“标准色-红色”。单击两次“确定”按钮。重新选中“C3:C46”单元格区域，双击“剪贴板”中的“格式刷”按钮，使用鼠标拖动选择“D3:D46”区域，完成“数学”列最高成绩的格式设置，其他学科可以参照此方法进行设置。

图 6-72 “新建格式规则”对话框

② 选择“H3:H46”单元格，单击“开始”→“样式”→“条件格式”按钮，在打

开的下拉列表中选择“新建规则”命令，打开“新建格式规则”对话框，选择“选择规则类型”列表中“仅对排名靠前或靠后的数值设置格式”选项，然后将“编辑规则说明”组中将“对以下排列的数值设置格式”设置为“最高”和“10”。单击“格式”按钮，打开“设置单元格格式”对话框，选择“填充”选项卡，将“背景色”设置为“标准色-浅蓝”，单击两次“确定”按钮，最终的显示结果如图 6-73 所示。

	A	B	C	D	E	F	G	H	I
1	初三（14）班第一学期期末成绩表								
2	学号	姓名	语文	数学	英语	物理	化学	总分	总分排名
3	C121401	宋子丹	98.70	87.90	84.50	93.80	76.20	441.10	33
4	C121402	郑菁华	98.30	112.20	88.00	96.60	78.60	473.70	4
5	C121403	张雄杰	90.40	103.60	95.30	93.80	72.30	455.40	10
6	C121404	江晓勇	86.40	94.80	94.70	93.50	84.50	453.90	13
7	C121405	齐小娟	98.70	108.80	87.90	96.70	75.80	467.90	5
8	C121406	孙如红	91.00	105.00	94.00	75.90	77.90	443.80	27
9	C121407	甄士隐	107.90	95.90	90.90	95.60	89.60	479.90	2
10	C121408	周梦飞	80.80	92.00	96.20	73.60	68.90	411.50	42
11	C121409	杜春兰	105.70	81.20	94.50	96.80	63.70	441.90	32
12	C121410	苏国强	89.60	80.10	77.90	76.90	80.50	405.00	43
13	C121411	张杰	92.40	104.30	91.80	94.10	75.30	457.90	8
14	C121412	吉莉莉	93.30	83.20	93.50	78.30	67.60	415.90	41
15	C121413	莫一明	98.70	91.90	91.20	78.80	81.60	442.20	31

图 6-73　“期末总成绩”最终结果

（8）单击“页面布局”→“页面设置”右下角对话框启动器按钮，打开“页面设置”对话框，选择“页边距”→“居中方式”→“水平”复选框；切换至“页面”选项卡，将“方向”设置为“横向”。选择“缩放”→“调整为”单选按钮，将其设置为 1 页宽和 1 页高，如图 6-74 所示。单击“确定”按钮。

图 6-74　调整页面方向及缩放比例

四、实验练习题

请根据文件“Excel 练习 8”的数据，按照下列要求完成操作。

（1）对工作表“第一学期期末成绩”中的数据列进行格式化操作。将第一列“学号”列设为“文本”，将所有成绩列设为“保留两位小数”的数值；适当加大“行高”和“列宽”，改变字体、字号，设置对齐方式，添加适当的边框和底纹，以使工作表更加美观。

（2）利用“条件格式”功能进行下列设置：将语文、数学、英语三科中“不低于 110 分”的成绩所在单元格以一种颜色填充，其他四科中“高于 95 分”的成绩所在单元格以另一种颜色标出，所用颜色深浅以不遮挡数据为宜。

（3）利用 SUM 函数和 AVERAGE 函数计算每一个学生的总分数及平均分数。

（4）“学号”列的第 3、4 位代表学生所在的班级。例如，“120105”代表 12 级 1 班 5 号。请通过函数提取每个学生所在的班级，并按下列对应关系填写在“班级”列中。

“学号”的 3、4 位	对应班级
01	1 班
02	2 班
03	3 班

（5）复制工作表“第一学期期末成绩”，将副本放置在原表之后；改变该副本表“标签”的颜色，并将其重新命名，新表名需要包含“分类汇总”字样。

（6）通过分类汇总功能求出每个班各科的平均成绩，并将每组结果分页显示。

（7）以“分类汇总结果”为基础创建一个簇状柱形图，对每个班各科平均成绩进行比较，并将该图表放置在一个名为“柱状分析图”的新工作表中。

第7章 演示文稿软件 PowerPoint 2016

实验一　美化“社会保险知识普及”演示文稿

一、实验任务

社会保险是指国家为了预防和分担年老、失业、疾病及死亡等社会风险，实现社会安全，强制社会多数成员参加的，具有所得重分配功能的非营利性的社会安全制度。在单位领导的要求下，小李制作了一份“社会保险知识普及”演示文稿，希望通过该演示文稿对员工进行培训，提高员工对社会保险知识的理解水平。但该演示文稿整体制作不够精美，还需要进行美化。请根据“实验三素材”文件夹下的“PowerPoint 实验一.pptx”文件，对制作好的演示文稿进行美化。

二、实验要求

打开“实验一素材”文件夹下的演示文稿文档“PowerPoint 实验一.pptx”，按照下列要求完成此演示文稿的美化处理。

（1）使用“环保”演示文稿设计主题修饰全文。

（2）将第三张幻灯片版式设置为“两栏内容”，通过右侧的“内容占位符”插入图片“样例图片 1.jpg”。

（3）设置幻灯片切换效果，将第一张幻灯片设置为“帘式”，将第二张幻灯片设置为“压碎”，将第三张幻灯片设置为“日式折纸”。

（4）为第三张幻灯片中插入的图片添加“浮入”动画效果，“效果选项”设置为“下浮”。

（5）为演示文稿添加全程播放的背景音乐。

（6）将制作完成的演示文稿另存为“社会保险知识普及.pptx”。

三、实验步骤

1. 设置和修改幻灯片主题

打开“实验一素材”文件夹下的演示文稿文档“PowerPoint 实验一.pptx”，单击“设计”→“主题”→“其他”按钮，在打开的下拉列表中选择“环保”主题，如图 7-1 所示。

2. 幻灯片版式设置和通过占位符插入图片

选中第三张幻灯片，单击“开始”→“幻灯片”→“版式”下拉按钮，在打开的下拉列表中选择“两栏内容”选项，如图 7-2 所示。单击右侧“占位符”→“图片”按钮，选择“实验一素材”文件夹下的“样例图片 1.jpg”，单击“插入”按钮插入图片，如图 7-3 所示。

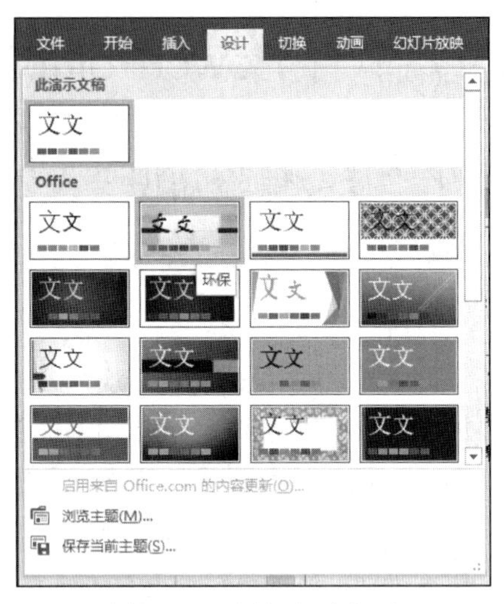

图 7-1 设置幻灯片主题

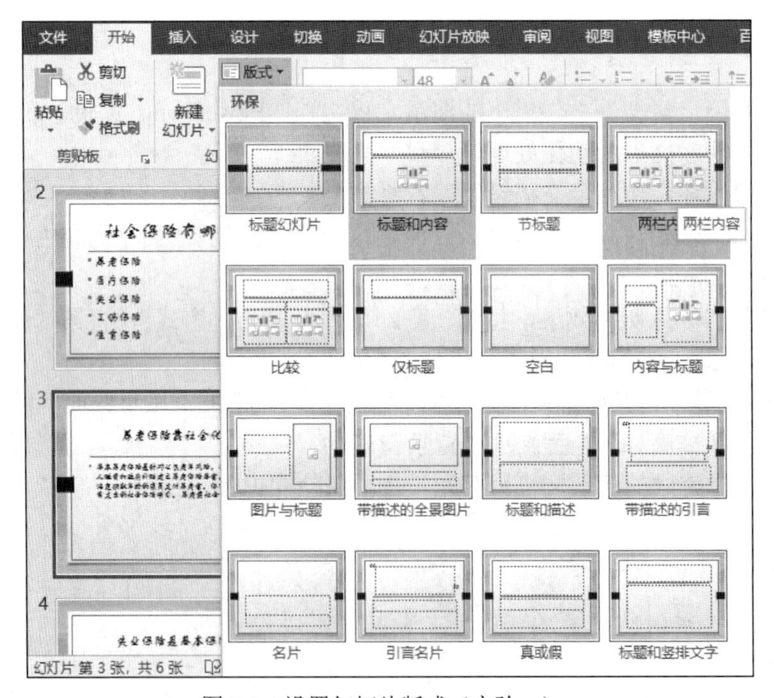

图 7-2 设置幻灯片版式（实验一）

3. 设置幻灯片切换效果

（1）选中第一张幻灯片，单击“切换”→“切换到此幻灯片”→“其他”按钮，在打开的下拉列表中选择“华丽型”→“帘式”效果，如图 7-4 所示。

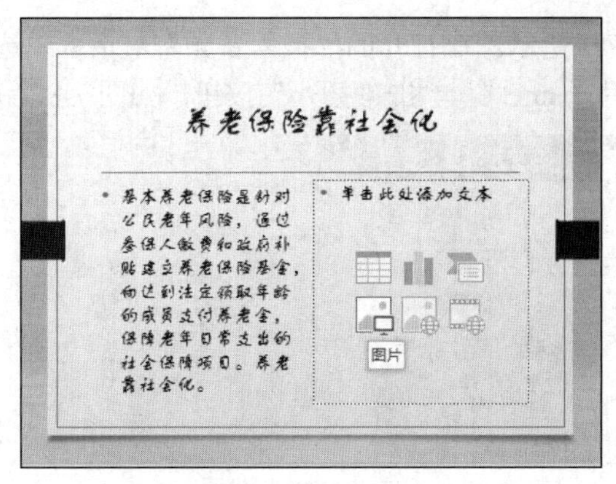

图 7-3　插入图片

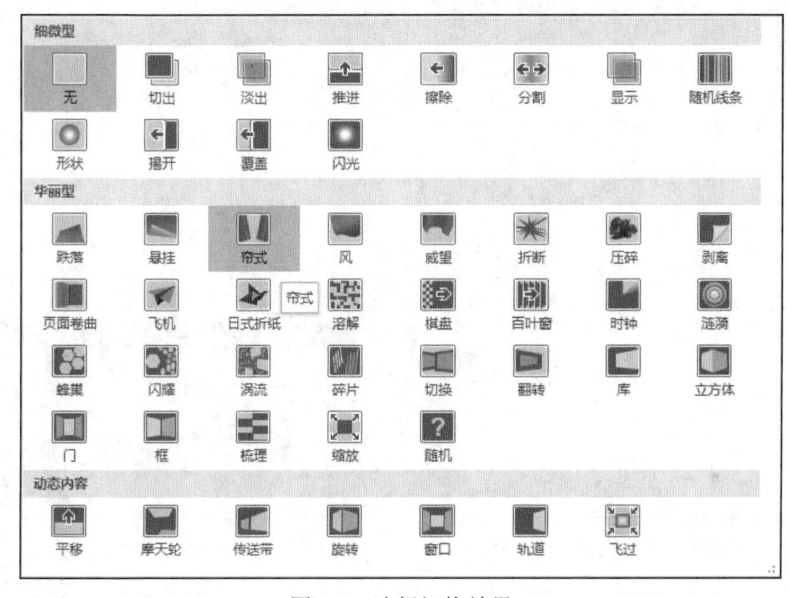

图 7-4　选择切换效果

（2）选中第二张幻灯片，单击“切换”→“切换到此幻灯片”→“其他”按钮，在打开的下拉列表中选择“华丽型”→“压碎”效果。

（3）选中第三张幻灯片，单击“切换”→“切换到此幻灯片”→“其他”按钮，在打开的下拉列表中选择“华丽型”→“日式折纸”效果。

4. 设置动画效果，修改效果选项

选中第三张幻灯片中的图片，单击“动画”→“动画”→“其他”按钮，在打开的下拉列表中选择“进入”→“浮入”选项，如图 7-5 所示。单击“效果选项”按钮，在打开的下拉列表中选择“下浮”选项，如图 7-6 所示。

5. 设置背景音乐

单击“插入”→“媒体”→“音频”下拉按钮，在打开的下拉列表中选择“PC 上

的音频”选项，如图 7-7 所示。在打开的“插入音频”对话框中选择“实验一素材”文件夹中的音频文件“月光.mp3”，单击“插入”按钮，如图 7-8 所示。

图 7-5 设置动画

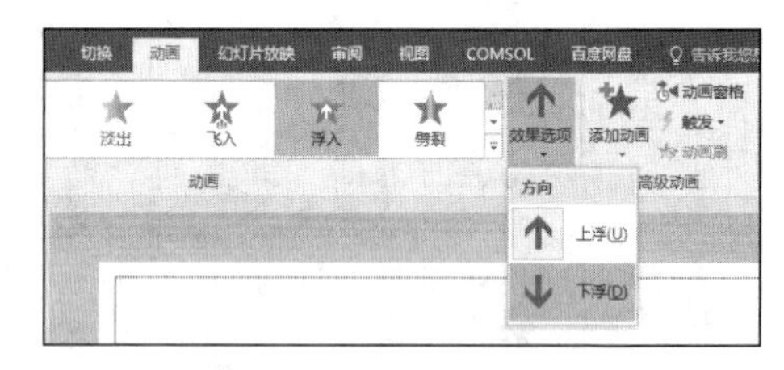

图 7-6 设置效果选项

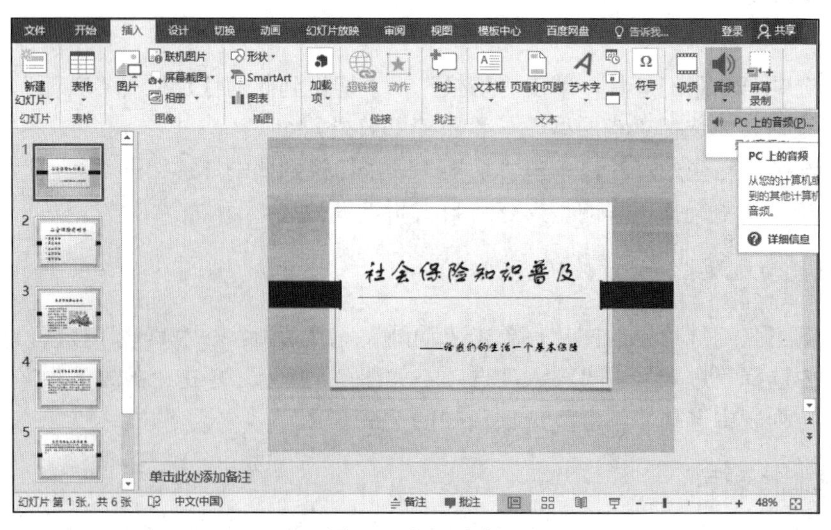

图 7-7 插入音频

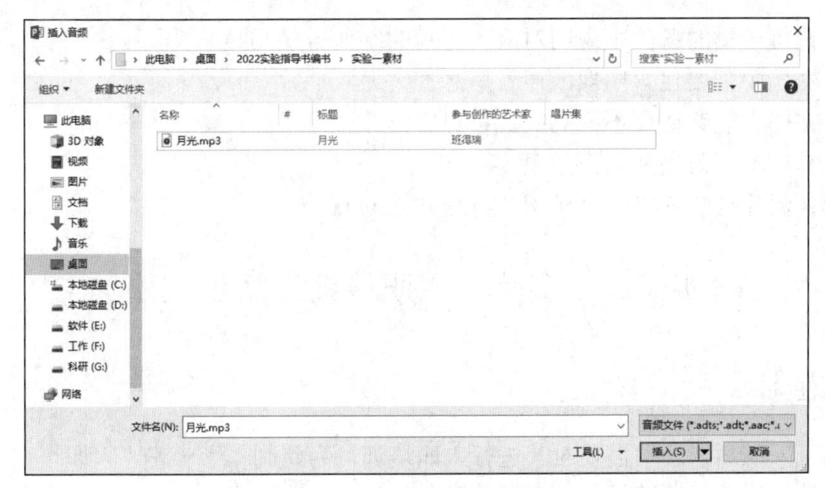

图 7-8 “插入音频”对话框

单击“音频工具-播放”→“音频选项”→“开始”右侧的下拉按钮，在打开的下拉列表中选择“自动”选项，选中“跨幻灯片播放”、“放映时隐藏”和“循环播放，直到停止”复选框，如图 7-9 所示。

图 7-9 音频播放设置

6. 保存文档

选择“文件”→“另存为”命令，打开“另存为”窗口，单击“浏览”按钮，打开“另存为”对话框，指定文件存放位置，输入文件名“社会保险知识普及.pptx”，单击“保存”按钮，关闭文档。

四、实验练习题

按照下列要求制作幻灯片。

（1）制作一个以素材“荷塘月色”为主题的课件，内容不少于 5 页。

（2）在每一页的备注中说明对应幻灯片的制作方法与技术。

（3）文档中需要包含图像或声音信息。

（4）文档中能够体现不同的版式设计。

（5）具有动画效果和切换效果。

说明： 制作过程可以参照实例“荷塘月色.pptx”。

实验二　美化“入职培训”演示文稿

一、实验任务

新员工入职后，公司需要对其进行入职培训，为此制作了一份“入职培训”演示文稿。但文稿整体效果不够精美，还需要再美化一下。请根据“实验二素材”文件夹下的“入职培训.pptx”文件，对制作好的演示文稿进行美化。

二、实验要求

打开“实验二素材”文件夹下的演示文稿“入职培训.pptx”，按照下列要求完成对此文稿的美化处理。

（1）将演示文稿主题设置为“带状”，调整第一张幻灯片中的“标题”和“副标题”的“文字”格式，设置标题“入职培训”的字符间距为“加宽”，度量值为“40”；设置副标题“欢迎各位”的字符间距为“加宽”，度量值为“20”。

（2）在第一张幻灯片中插入“实验二素材”文件夹中的图片“入职培训.jpg”，适当调整图片的大小和位置，为图片设置合适的图片样式。

（3）将第二张幻灯片的版式设为“两栏内容”，通过右侧占位符插入“实验二素材”文件夹中的图片“图片1.jpg”，适当调整页面中文字和图片的位置及格式。

（4）为第三张幻灯片的标题文字“必遵制度”加入超链接，链接到“实验二素材”文件夹中的Word素材文件“必遵制度.docx”，适当调整幻灯片中文字的字体字号。

（5）隐藏第四张幻灯片，根据第五张幻灯片左侧的文字内容创建一个组织结构图，结构图样式可以参照“组织结构图样例.jpg”，并为该组织结构图添加“轮子”动画效果。

（6）为演示文稿设置不少于3种幻灯片切换效果。将制作完成的演示文稿以“新入职培训.pptx”为名进行保存。

三、实验步骤

1. 设置幻灯片主题，设置标题文字间距

（1）打开“实验二素材”文件夹下的演示文稿“入职培训.pptx”，单击“设计”→“主题”→“其他”按钮，在打开的下拉列表中选择“带状”选项，如图7-10所示。

（2）选中第一张幻灯片中的标题“入职培训”，单击“开始”→“字体”选项组右下角对话框启动器按钮，打开“字体”对话框，在“字符间距”选项卡下将“间距”设

置为“加宽”，“度量值”设置为“40”，如图 7-11 所示。

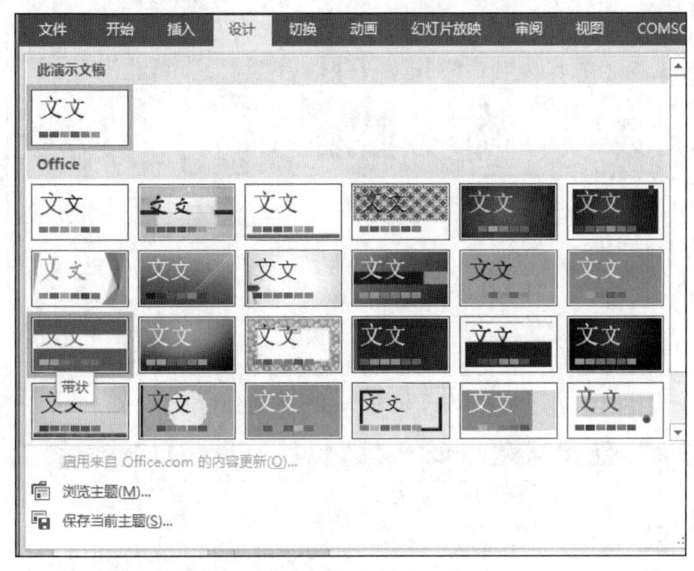

图 7-10 设置幻灯片版式（实验二）

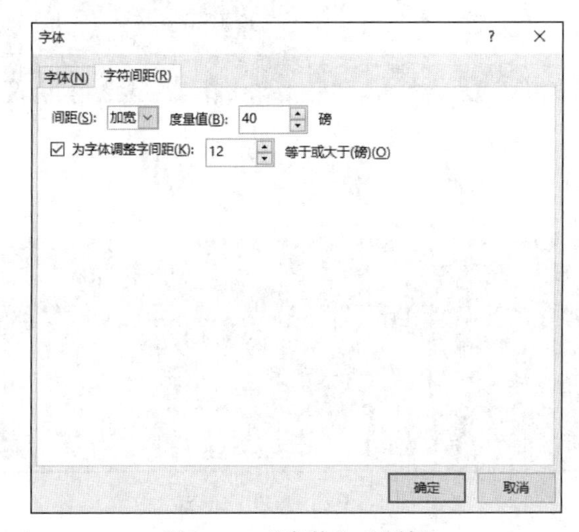

图 7-11 “字体”对话框

（3）用同样方法设置副标题“欢迎各位”的字符间距为“加宽”，度量值为“20”。

2. 插入图片素材，设置图片格式

（1）选中第一张幻灯片，单击“插入”→“图像”→“图片”按钮，打开“插入图片”对话框，选择“实验二素材”文件夹中的“入职培训.jpg”，单击“插入”按钮，如图 7-12 所示。

（2）选中插入幻灯片中的图片，适当调整图片大小及位置，单击“图片工具-格式”→“图片样式”→“其他”按钮，在打开的下拉列表中选择“柔化边缘椭圆”选项，如图 7-13 所示。

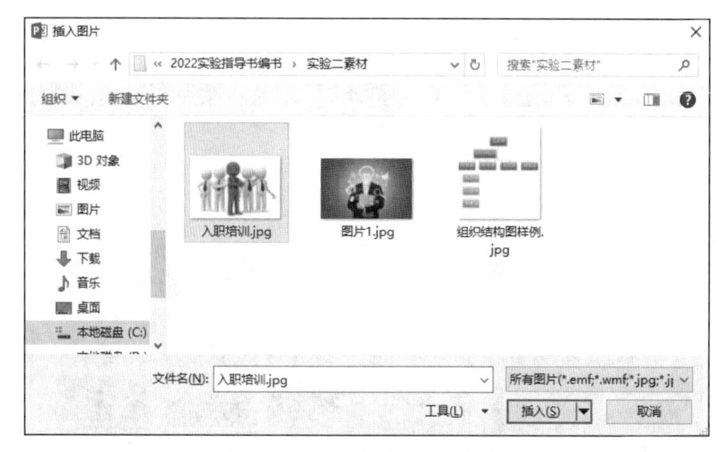

图 7-12 “插入图片”对话框

图 7-13 设置图片样式

3. 设置幻灯片版式，设置图片格式

（1）选中第二张幻灯片，设置版式为“两栏内容”，单击“开始”→“幻灯片”→“版式”按钮，在打开的下拉列表中选择“垂直排列标题与文本”选项，设置幻灯片版式。

（2）单击幻灯片右侧“内容占位符”→“图片”按钮，插入“实验二素材”文件夹中的图片“图片 1.jpg”，适当调整页面中文字和图片的位置及格式，如图 7-14 所示。

4. 设置超链接

（1）选中第三张幻灯片，选择幻灯片标题中的文字“必遵制度”，单击“插入”→“链接”→“超链接”按钮，打开“插入超链接”对话框，如图 7-15 所示。

图 7-14　设置文字和图片格式

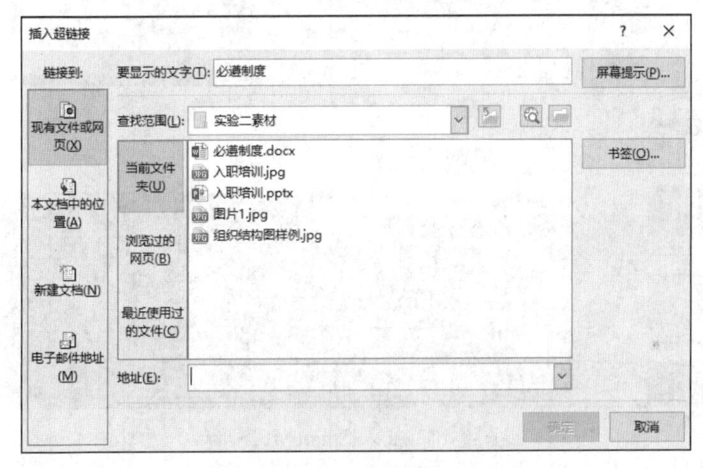

图 7-15　“插入超链接”对话框

（2）在该对话框中选择“现有文件或网页”选项，在右侧的“查找范围”中找到“必遵制度.docx”文件，单击“确定”按钮，即可为“必遵制度”插入超链接。

4. 隐藏幻灯片，插入并编辑组织结构图

（1）右击第四张幻灯片，在弹出的快捷菜单中选择“隐藏幻灯片”命令，隐藏第四张幻灯片。

（2）选中第五张幻灯片，适当调整幻灯片中两个文本框位置，如图 7-16 所示。选中左侧文本框，单击“插入”→“插图”→“SmartArt”按钮，打开“选择 SmartArt 图形”对话框，如图 7-17 所示。

（3）在“选择 SmartArt 图形”对话框中，选择“层次结构”→“组织结构图”选项，如图 7-18 所示。单击“确定”按钮，即可在选中的幻灯片中插入“组织结构图”占位符。

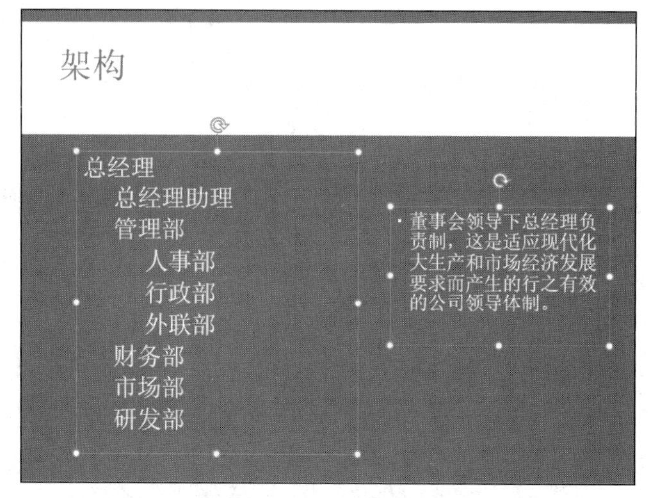

图 7-16　文本框调整

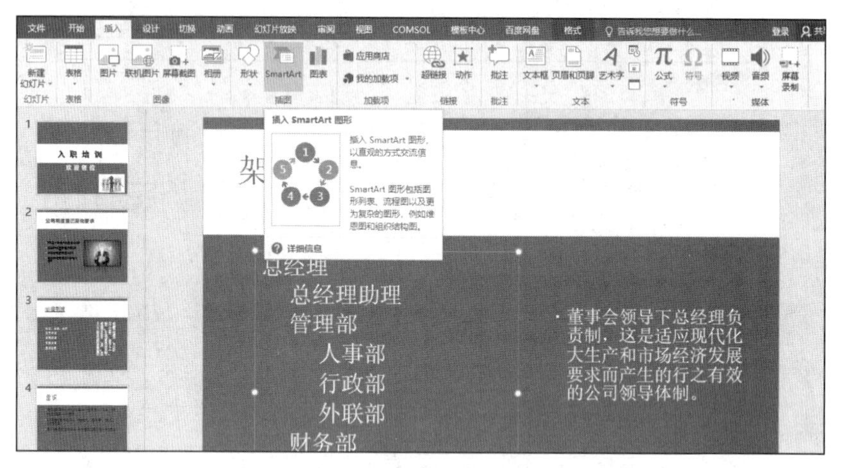

图 7-17　插入 SmartArt 图形

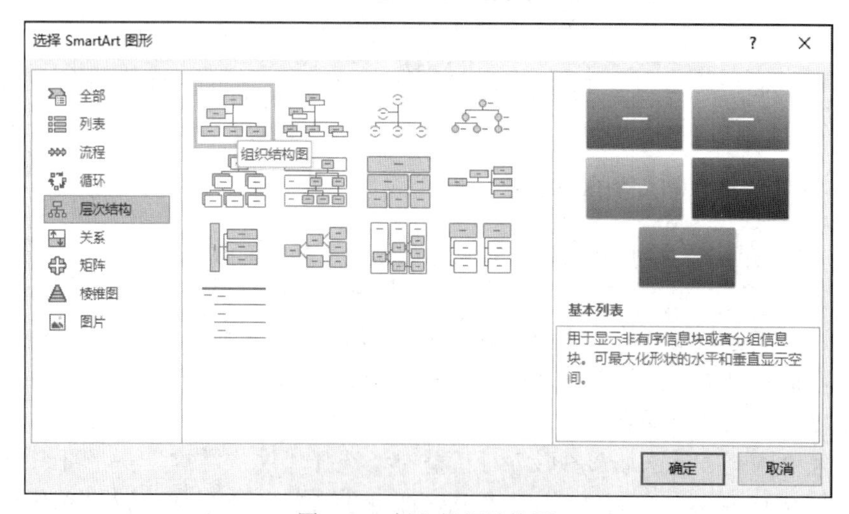

图 7-18　插入组织结构图

（4）单击“组织结构图”占位符第一行矩形框中的“文本”，进入文本编辑状态。输入文字“总经理”，单击“总经理”左下方的“助理”占位符，输入文字“总经理助理”，选中“助理”下一行中第一个“矩形”占位符，单击“SmartArt 工具-设计”→“创建图形”→“添加形状”按钮，在打开的下拉列表中选择“在下方添加形状”选项。采用同样的方法再进行两次“在下方添加形状”操作，如图 7-19 所示。右击新插入的第一个矩形框，在弹出的快捷菜单中选择“编辑文字”命令，输入“人事部”，采用同样的操作分别输入“行政部”和“外联部”。

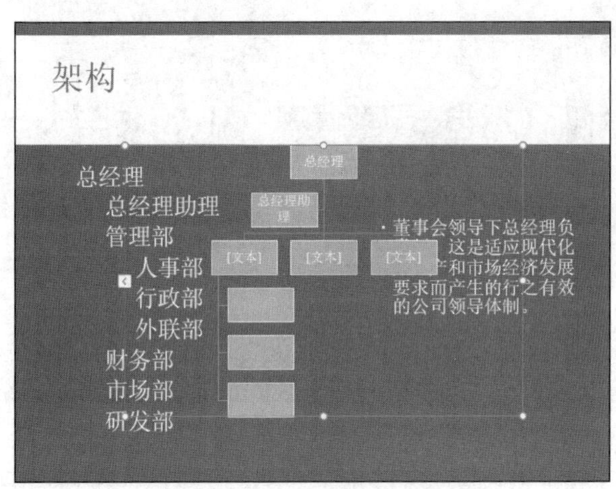

图 7-19　组织结构图文字编辑

（5）选择第二行的最后一个矩形框，单击“创建图形”→“添加形状”按钮，在打开的下拉列表中选择“在后面添加形状”选项，按照样例中文字的填充方式把幻灯片左侧内容区域中的文字分别输入到对应的矩形框中，这样就得到了组织结构图的初始效果，如图 7-20 所示。

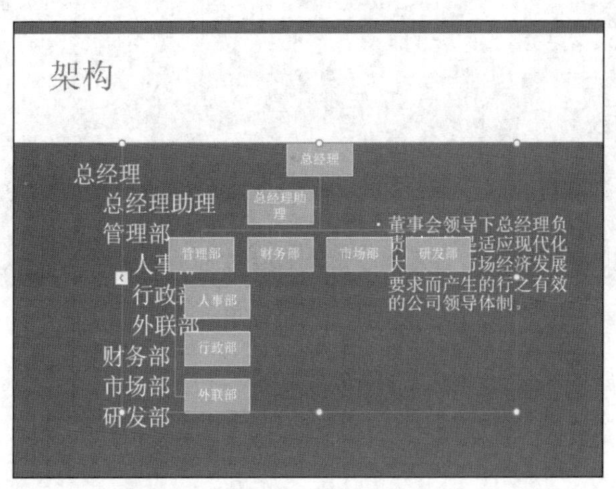

图 7-20　组织结构图初始效果

（6）选中插入的组织结构图，单击“SmartArt 工具-设计”→“SmartArt 样式”→“更改颜色”按钮，在打开的下拉列表中选择“主题颜色（主色）-深色 2 填充”选项，如图 7-21 所示。单击“SmartArt 样式”→“其他”按钮，在打开的下拉列表中选择“三维-优雅”选项，选中并删除幻灯片中与组织结构图对应的“文字”文本框，调整组织结构图的大小和位置，如图 7-22 所示。

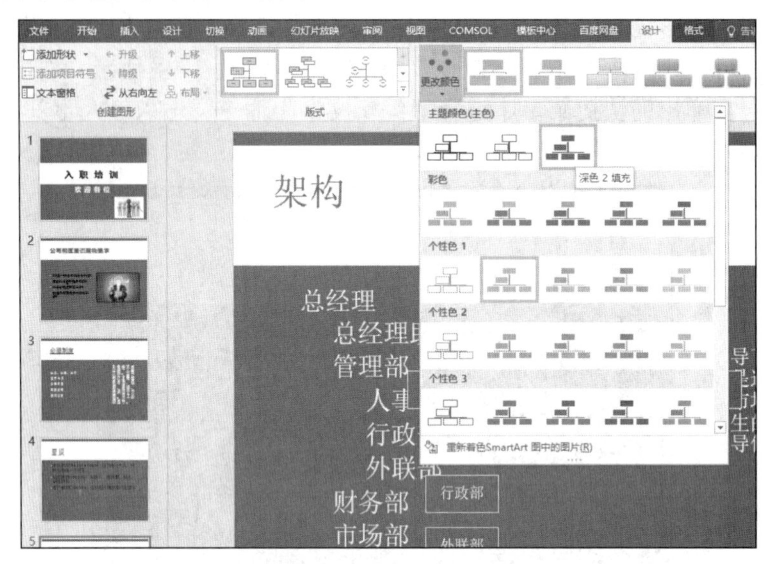

图 7-21 修改组织结构图颜色

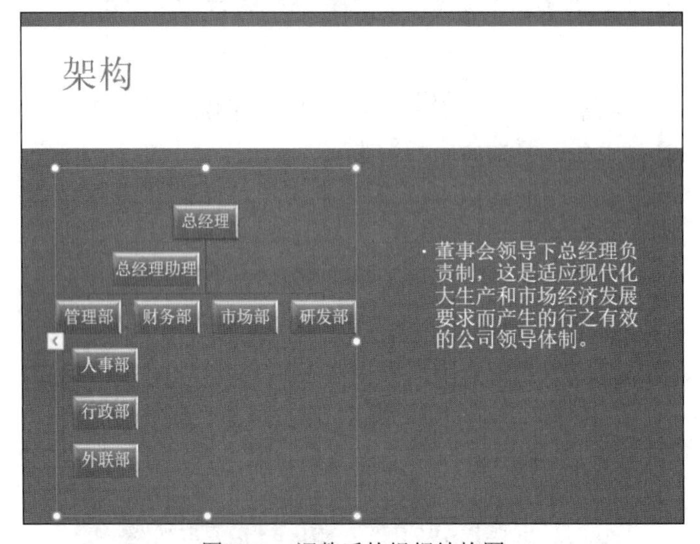

图 7-22 调整后的组织结构图

（7）选中设置好的组织结构图，单击“动画”→“动画”→“其他”按钮，在打开的下拉列表中选择“进入”→“轮子”效果，如图 7-23 所示。

5. 设置切换效果

（1）选择第一张幻灯片，在“切换”→“切换到此幻灯片”选项组中选择一种切换效果。此处选择“华丽型”→“帘式”效果，如图 7-24 所示。

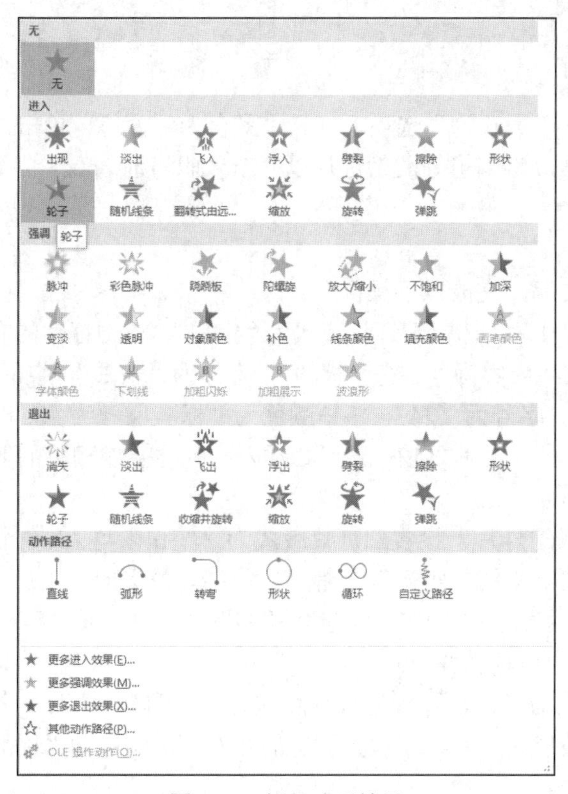

图 7-23　插入动画效果

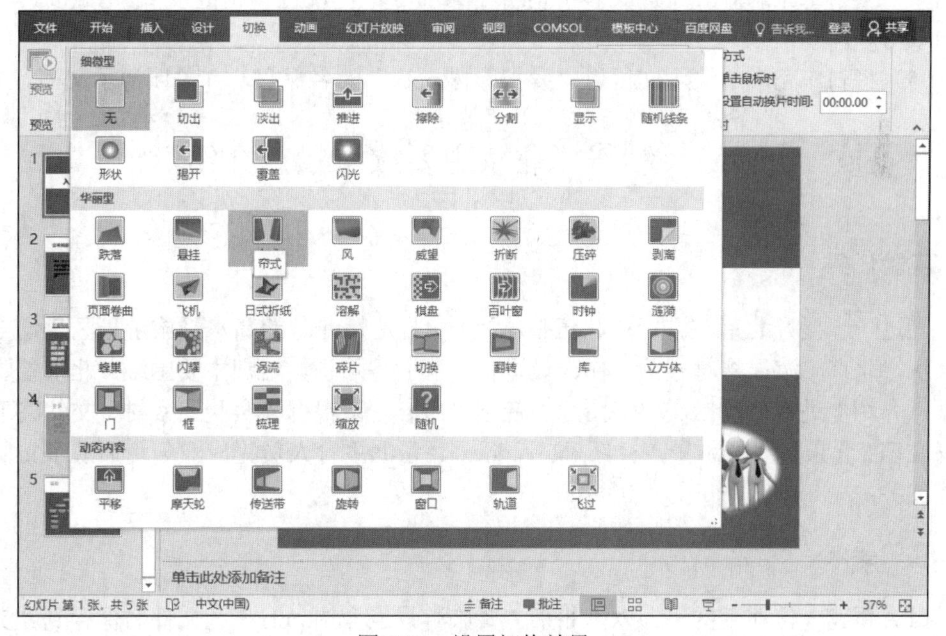

图 7-24　设置切换效果

（2）选取另外两张幻灯片，按照同样的方法设置“切换效果”。此处设置第二张幻灯片的切换效果为“悬挂”，第四张幻灯片的切换效果为“百叶窗”。

6. 保存幻灯片

选择“文件”→“另存为”选项，打开“另存为”窗口，单击“浏览”按钮。打开的“另存为”对话框，将编辑好的幻灯片以“新入职培训.pptx”为名进行保存。

四、实验练习题

新建空白演示文稿，完成以下操作。

（1）插入一张幻灯片，选择幻灯片版式为“空白”，在幻灯片的右上角插入一个“横排”文本框，设置文字内容为“送您一棵树”，字体为“隶书”，字形为“加粗”“倾斜”，文字效果为“阴影”，字号为“24”，字体颜色为“标准色-红色”，设置进入时的自定义动画效果为“飞入”，方向为“自右下部”，插入一张与主题相关的剪贴画素材，并进行“格式”设置。

（2）插入第二张幻灯片，设置幻灯片版式为“空白”，插入一个“横排”文本框，设置文字内容为“请听小树的呼声”，字体为“黑体”，字形为“加粗”，字号为“44”，颜色为“标准色-红色”，插入一张与主题相关的图片素材（图片素材通过网络自行选择下载），对图片进行合适裁剪并设置图片样式。

（3）插入第三张幻灯片，设置幻灯片版式为“空白”，插入一个“横排”文本框，设置文字内容为“请您爱护我，就像爱护您的儿女！”，颜色为“标准色-紫色”，为文字添加适当的动画效果。

（4）为第二张幻灯片中的文本“请听小树的呼声”设置“超链接”，超链接到“最后一张幻灯片”。

（5）将制作完成的演示文稿以“爱护绿树.pptx”为名保存，并关闭演示文稿。

实验三　制作“北京主要旅游景点介绍”

一、实验任务

为进一步提升北京旅游行业队伍整体素质，打造懂业务的高水平旅游景区建设与管理队伍，北京旅游局将对相关工作人员进行一次业务培训，培训主要围绕“北京主要旅游景点介绍”进行，包括文字、图片、音频等内容。请根据“实验三素材”文件夹下的素材文档“北京主要旅游景点介绍-文字.docx”，帮助主管人员完成业务培训演示文稿的制作任务。

二、实验要求

（1）新建一份演示文稿，以“北京主要旅游景点介绍.pptx”为文件名保存到“实验三素材”文件夹下。

（2）第一张标题幻灯片中的标题设置为“北京主要旅游景点介绍”，副标题设置为“历史与现代的完美融合”，主题设置为“木材纹理”。

（3）将歌曲“北京欢迎你.mp3”作为背景音乐插入幻灯片中，要求音乐全程自动循环播放直到幻灯片放映结束。

（4）在第二张幻灯片中制作目录，目录标题为“北京主要旅游景点”，目录内容包括天安门、故宫博物院、八达岭长城、颐和园、鸟巢等。在制作目录过程中，可以适当添加形状、图片等素材以增加页面美观效果。

（5）从第三张到第七张幻灯片，按照目录顺序分别介绍天安门、故宫博物院、八达岭长城、颐和园、鸟巢等北京各主要旅游景点，每页幻灯片介绍一个旅游景点，相应的文字素材“北京主要旅游景点介绍-文字.docx”及图片文件均存放于“实验三素材”文件夹下。

（6）将最后一张幻灯片设计为“结束”幻灯片，要求简洁、美观、有礼。

（7）为每张幻灯片设置不同的幻灯片“切换效果”及文字和图片的“动画效果”。

（8）设置演示文稿放映方式为“循环放映，按 Esc 键终止”，换片方式为“手动”。

三、实验步骤

1. 新建演示文稿

启动 Powerpoint2016，新建一份演示文稿，将其命名为“北京主要旅游景点介绍.pptx”并保存到“实验三素材”文件夹下。

2. 设置第一张幻灯片的标题

（1）在第一张幻灯片的“单击此处添加标题”处单击，在文本框中输入文字“北京主要旅游景点介绍”，副标题设置为“历史与现代的完美融合”，如图 7-25 所示。

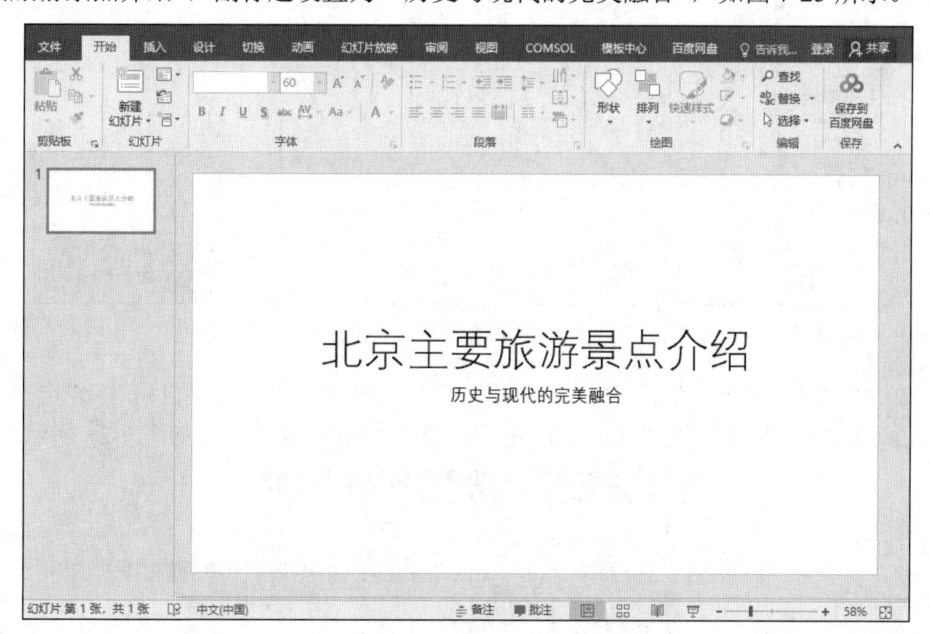

图 7-25　输入标题文字

（2）单击“设计”→“主题”→“其他”按钮，在打开的下拉列表中选择“木材纹理”选项，适当调整标题与副标题的文字格式，如图 7-26 所示。

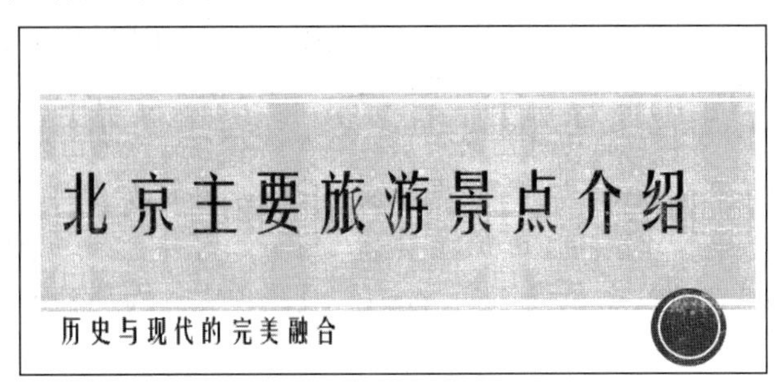

图 7-26　标题格式调整

3. 插入歌曲

（1）单击“插入”→“媒体”→“音频”下拉按钮，在打开的下拉列表中选择“PC 上的音频”选项，打开“插入音频”对话框。在该对话框中选择素材文件夹下的“北京欢迎你.mp3”素材文件，如图 7-27 所示。单击“插入”按钮，即可将音乐素材添加至幻灯片中。

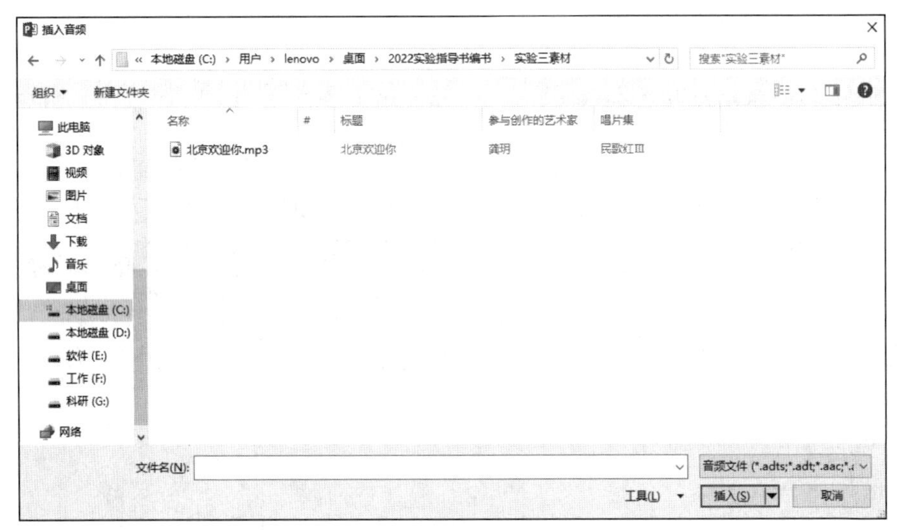

图 7-27　选择音频文件

（2）将“音频工具-播放”→“音频选项”→“开始”设置为“自动”，并选中“放映时隐藏”、“跨幻灯片播放”和“循环播放，直到停止”复选框，如图 7-28 所示。

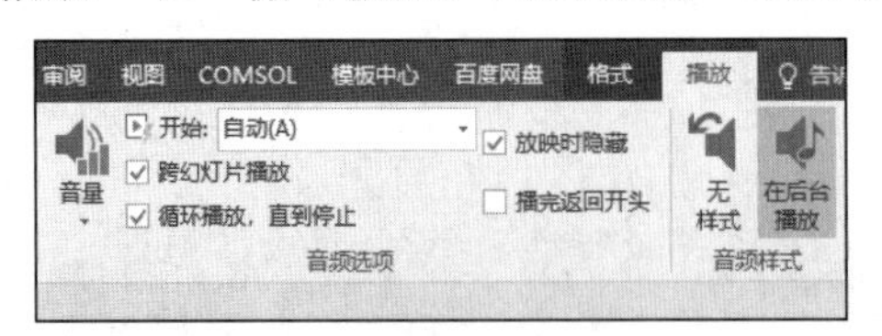

图 7-28　设置声音选项

4. 制作目录

单击“开始”→“幻灯片”→“新建幻灯片”按钮，新建一张幻灯片。在“标题占位符”中输入文字“北京主要旅游景点”，然后在“内容占位符”中输入文字“天安门”“故宫博物院”“八达岭长城”“颐和园”“鸟巢”，适当设置文字字体、段落格式，如图 7-29 所示。此外，还可以通过在页面中添加适当的形状或图片素材增加页面效果。本实例中不再添加，各位读者可以进一步设计改进。

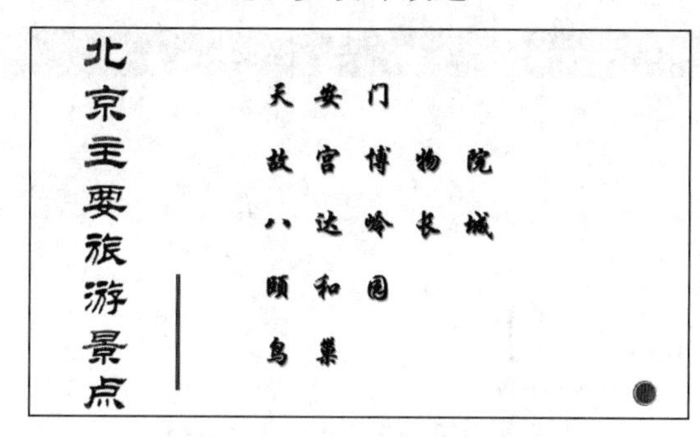

图 7-29 目录格式调整

5. 设置幻灯片内容

（1）新建第三张幻灯片，设置幻灯片版式为“两栏内容”，打开“实验三素材”文件夹中的文档“北京主要旅游景点介绍-文字.docx”，复制该文档中“与天安门景点相关介绍文字（文档第一段）”，并将其粘贴到第三张幻灯片左侧“内容占位符”中，通过右侧“内容占位符”中的“图片”按钮，插入“实验三素材”文件夹中的图片“天安门.jpg”，如图 7-30 所示。

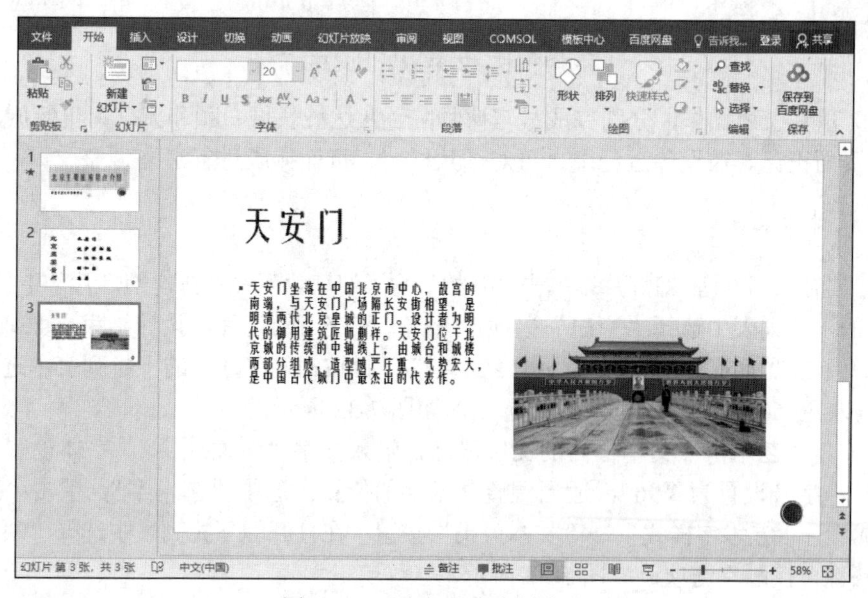

图 7-30 天安门景点素材准备

（2）选中幻灯片中“与天安门景点相关介绍文字”，单击“开始”→“段落”→“项目符号”按钮，在打开的下拉列表中选择“无”选项，设置文字“字号”为“28”，适当调整文本框的大小和位置。选中幻灯片中的“图片”，设置图片样式为“映像圆角矩形”，适当调整图片的大小和位置。插入形状为“直线”，选中插入的“线条”，单击“绘图工具-格式”→“形状样式”→“形状轮廓”按钮，在打开的下拉列表选择“主题颜色”→“深红，个性色 2”选项，在“粗细”选项的级联菜单中选择“6 磅”。将绘制好的“直线”形状移动到标题文字“天安门”下方，整体效果如图 7-31 所示。

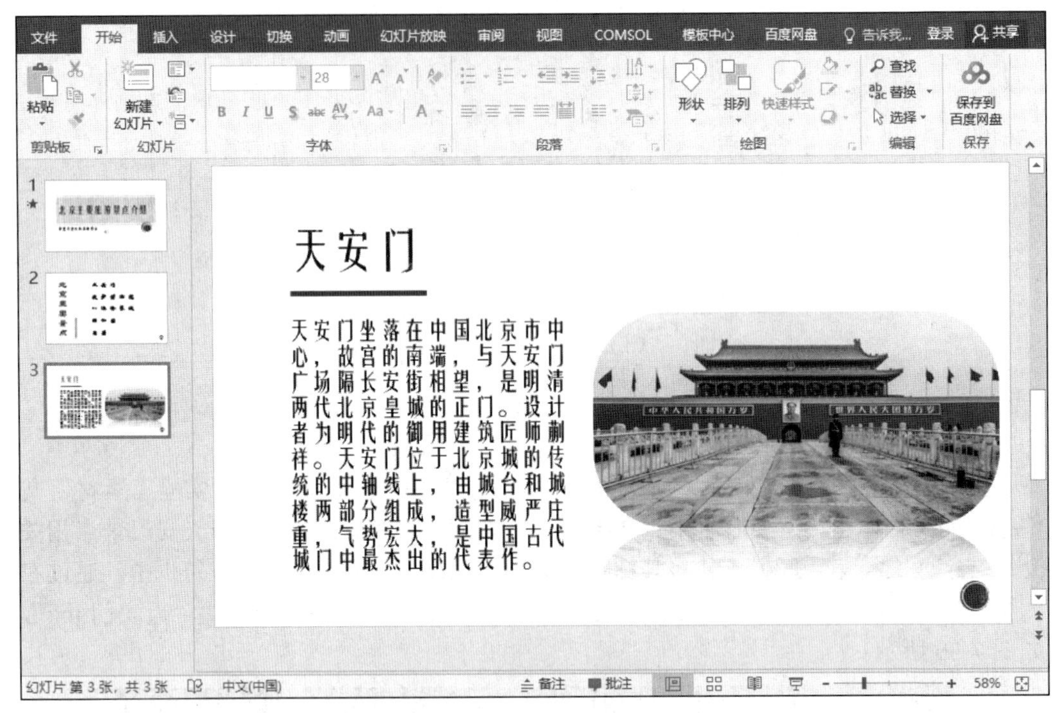

图 7-31　天安门页面设计

（3）重复上述操作，分别完成故宫博物院、八达岭长城、颐和园、鸟巢等旅游景点介绍的页面设计。在设计过程中，可对图片样式、页面排版进行适当调整。

6. 设计结束页

（1）选择最后一张幻灯片，单击“开始”→“幻灯片”→“新建幻灯片”下拉按钮，在打开的下拉列表中选择“空白”选项，新建一张空白幻灯片，设计结束页面。

（2）单击“插入”→“文本”→“艺术字”下拉按钮，在打开的下拉列表中选择“渐变填充-灰色-50%，着色 1，反射”选项，如图 7-32 所示。

（3）将“艺术字”文本框内的文字删除，输入文字“谢谢观赏”，字体设置为“华文行楷”，字号设置为“96”，适当调整艺术字的位置。选中“艺术字”，单击“绘图工具-格式”→“艺术字样式”→“文本效果”按钮，在打开的下拉列表中选择“映像”→“紧密映像，接触”选项，如图 7-33 所示。

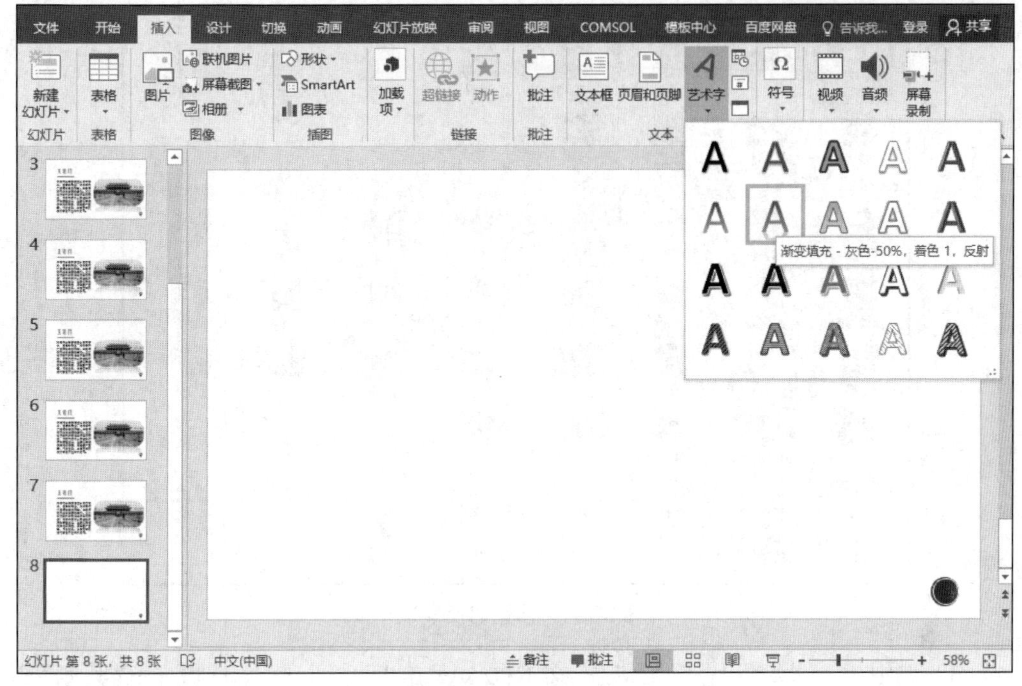

图 7-32　插入艺术字

图 7-33　设置艺术字效果

7. 设置幻灯片切换效果，设置文字和图片的动画效果

（1）选择第一张幻灯片，单击“切换”→“切换到此幻灯片”→“其他”按钮，在打开的下拉列表中选择“华丽型”→“风”选项，如图 7-34 所示。

（2）按照同样的方法为其他幻灯片设置不同的切换效果。

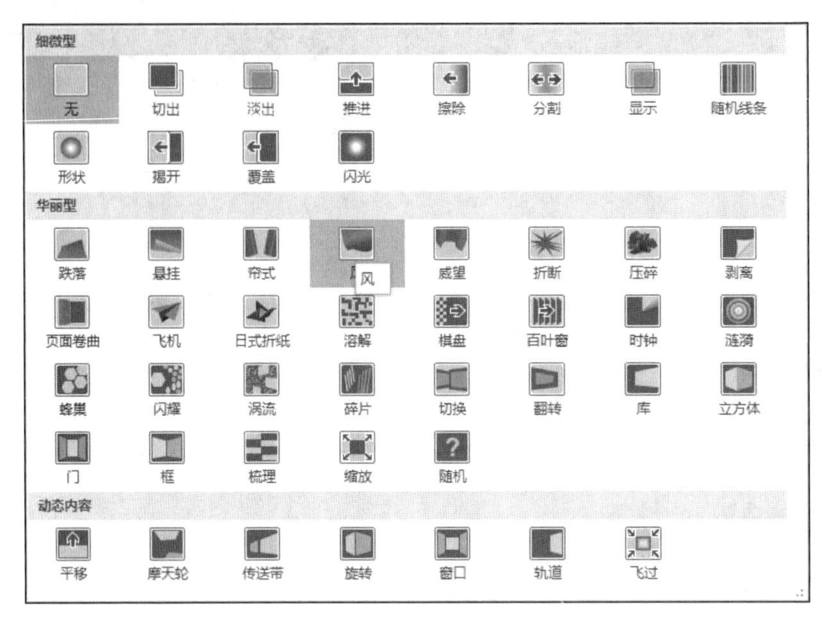

图 7-34 设置切换效果

（3）选中第一张幻灯片的“标题”文本框，单击“动画”→“动画”→“其他”按钮，在打开的下拉列表中选择“进入”→“浮入”选项，如图 7-35 所示。选中该幻灯片中的“副标题”，设置动画效果为“淡出”。

（4）按照同样的方法为其余幻灯片中的文字和图片设置不同的动画效果。

图 7-35 设置动画效果

8. 设置放映方式

单击“幻灯片放映”→“设置”→“设置幻灯片放映”按钮，打开“设置放映方式”对话框，选中“放映选项”→“循环放映，按 ESC 键终止”复选框，将“换片方式”

设置为“手动”，如图 7-36 所示。单击“确定”按钮。

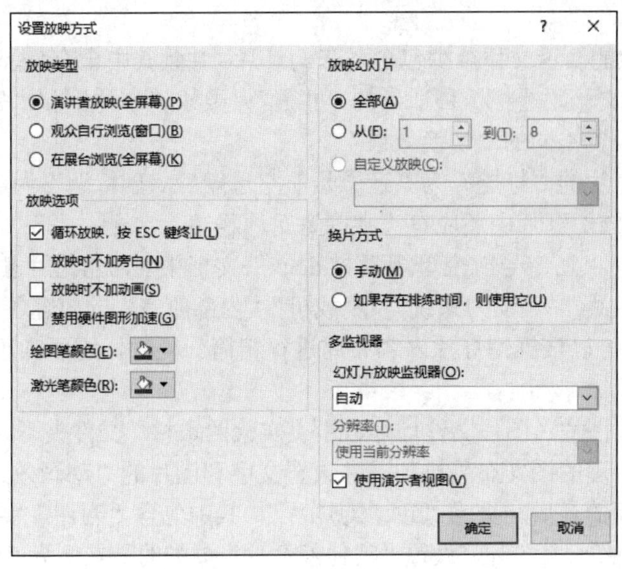

图 7-36　设置幻灯片放映方式

四、实验练习题

新建空白演示文稿，完成以下操作。

（1）插入一张幻灯片，选择版式为“标题和内容”，适当设置幻灯片“背景”，并进行以下设置：标题内容为“中国传统节日——春节”，字体为“方正舒体”，字号为“48”，字体颜色为 RGB（255,0,102）。

（2）插入一张幻灯片，选择版式为“空白”，背景效果为“羊皮纸纹理”，并进行以下设置：添加两个艺术字，艺术字样式为“填充-玫瑰红，着色 1，阴影”，内容为“春联”，字体为“华文新魏”，字号为“80”，两个艺术字的动画效果为“淡出”，动画开始时间为“与上一动画同时”。

（3）插入一张幻灯片，选择版式为“仅标题”，并进行以下设置：标题内容为“年画”，字体为“华文行楷”，字号为“80”，字体颜色为 RGB（128,0,0）。

（4）设置所有幻灯片切换方式为“分割”和“每隔 3 秒自动换页”。

（5）设置所有幻灯片主题为“柏林”。

实验四　制作“辽宁号航空母舰简介”

一、实验任务

中国海军博物馆受领制作“辽宁号航空母舰简介”演示文稿的任务，需要对演示文稿内容进行精心设计和编辑。请根据“实验四素材”文件夹下的素材“辽宁号航空母舰素材.docx”文档完成制作任务。

二、实验要求

（1）制作完成的演示文稿至少包含九张幻灯片，并且其中含有“标题幻灯片”和“致谢幻灯片”；演示文稿要选择一种适当的“主题”，要求“字体”和“配色方案”合理；每页幻灯片需要设置不同的“切换效果”。

（2）标题幻灯片的“标题”为“辽宁号航空母舰”，“副标题”为“——中国海军第一艘航空母舰”，该幻灯片中还应有“中国海军博物馆”字样。

（3）根据素材“辽宁号航空母舰素材.docx”文档中对应标题“概况”“简要历史”“性能参数”“舰载武器”“动力系统”“舰载机”“内部舱室”的内容各制作1～2张幻灯片，“文字内容”可以根据幻灯片内容布局进行精简。同时，需要为这些幻灯片内容选择合适的版式。

（4）请将相关图片（图片文件均存放于“实验四素材”文件夹下）插入对应内容的幻灯片中，完成合理的图文布局排列，并设置文字和图片的“动画效果”。

（5）演示文稿的最后一页为“致谢幻灯片”，其中包含“谢谢”字样。

（6）除“标题幻灯片”外，设置“其他幻灯片”页脚的最左侧为“中国海军博物馆”字样，最右侧为“当前幻灯片编号”。

（7）设置演示文稿为“循环放映方式”，每页幻灯片的放映时间为“10秒钟”，在自定义循环放映时不包括最后一页的致谢幻灯片。

（8）演示文稿保存为“辽宁号航空母舰.pptx”。

三、实验步骤

1. 设置主题、版式与切换效果

（1）启动PowerPoint 2016演示文稿，单击“开始”→“幻灯片”→“新建幻灯片”按钮。重复操作，使演示文稿至少包含九张幻灯片。

（2）选择第一张幻灯片，右击，在弹出的快捷菜单中选择“版式”→“标题幻灯片”选项。选择最后一张幻灯片，右击，在弹出的快捷菜单中选择“版式”→“空白”选项。

（3）在“设计”选项卡下的“主题”选项组中，选择一种适当的主题，如“水滴”。在“变体”组中选择“第三种”变体。

（4）在“切换”选项卡下的“切换到此幻灯片”选项组中，为每页幻灯片设置不同的“切换效果”。

2. 制作标题幻灯片

在第一张“标题幻灯片”中，将“标题”设置为“辽宁号航空母舰”，“副标题”设置为“——中国海军第一艘航空母舰”，在“副标题”下方添加“中国海军博物馆”字样，适当设置字体、字号并合理调整文字位置，如图7-37所示。

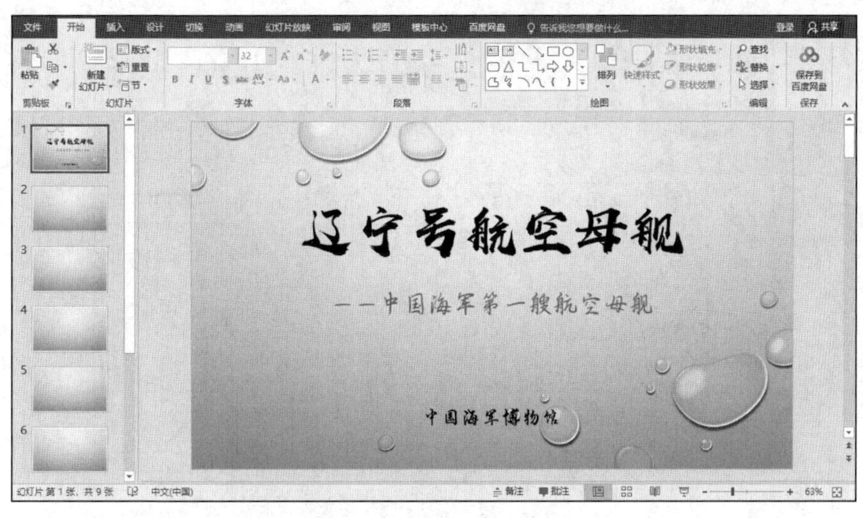

图 7-37　标题幻灯片的设置

3. 编辑幻灯片

（1）打开素材“辽宁号航空母舰素材.docx”文档，将对应标题“概况”“简要历史”“性能参数”“舰载武器”“动力系统”“舰载机”“内部舱室”的文字内容分别复制到幻灯片中。

（2）文字内容可以根据幻灯片内容布局进行精简，幻灯片的版式可以自行合理设置。

（3）单击“插入”→“图像”→“图片”按钮，将“辽宁号航空母舰素材.docx”文档的图片插入对应内容的幻灯片中，并适当合理调整图文布局排列。

（4）在“动画”选项卡的“动画”选项组中，为文字和图片设置动画效果。

（5）在演示文稿的最后一页中，单击“插入”→“文本”→“艺术字”按钮，选择一种合适的“艺术字”样式，输入文字“谢谢观赏”。

4. 幻灯片设置

（1）单击“插入”→“文本”→“幻灯片编号”按钮，打开“页眉和页脚”对话框，选中“幻灯片编号”“页脚”“标题幻灯片中不显示”复选框，并在“页脚”下方的文本框中输入“中国海军博物馆”字样，单击“全部应用”按钮。“幻灯片编号”和“页脚”的显示位置有所不同，可以适当调整“页脚”到最左侧，“幻灯片编号”到最右侧，如图 7-38 所示。

（2）在“切换”选项卡下的“计时”选项组中选中“设置自动换片时间”复选框，将时间设置为“10 秒钟”，单击“全部应用”按钮。

（3）单击“幻灯片放映”→“设置”→“设置幻灯片放映”按钮，打开“设置放映方式”对话框，在“放映选项”中选中“循环放映，按 ESC 键终止”复选框；设置“放映幻灯片”“从 1 到 8”（不包括最后一页的“致谢幻灯片”即可）；“换片方式”选中“如果存在排练时间，则使用它”单选按钮，单击“确定”按钮，如图 7-39 所示。

图 7-38 幻灯片编号的设置

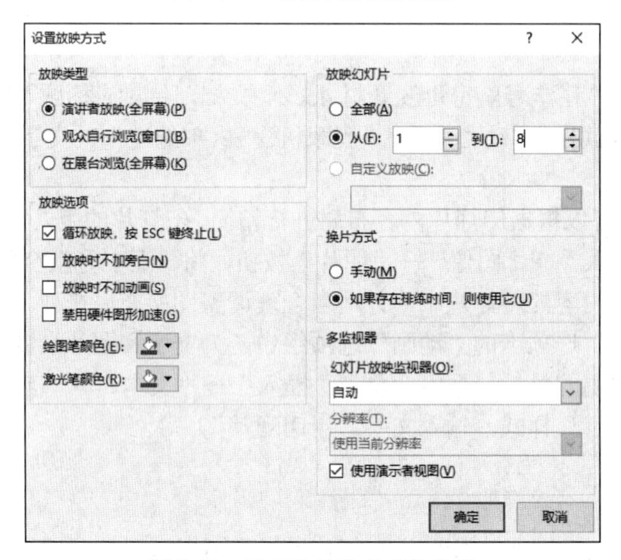

图 7-39 幻灯片放映方式的设置

5. 保存文档

设置完成后，选择“文件”→“保存”命令，打开“另存为”窗口，单击“浏览”按钮，打开“另存为”对话框，设置“保存路径”为“实验四素材”文件夹，文件名为“辽宁号航空母舰.pptx”，单击“保存”按钮。

四、实验练习题

为北京节水展馆制作一份“宣传水知识及节水工作重要性”的演示文稿。

节水展馆提供的文字资料及素材参见“实验四素材”文件夹下的“水资源利用与节水（素材）.docx”，制作要求如下。

（1）标题页包含“演示主题”“制作单位”（北京节水展馆）和“日期”（××××年××月××日）。

（2）演示文稿需要指定一个主题，幻灯片不少于 5 页且版式不少于 3 种。

（3）演示文稿中除文字外还要有两张以上的图片，并有两个以上的超链接进行幻灯片之间的跳转。

（4）动画效果要丰富，幻灯片切换效果要多样。

（5）演示文稿放映时，全程有背景音乐。

（6）将制作完成的演示文稿以“水资源利用与节水.pptx”为文件名进行保存。

实验五　制作动态背景幻灯片

一、实验任务

PPT 作为学习和工作必不可少的工具，在竞选答辩、述职报告等场合都得到应用，其重要性不言而喻。人们经常能够看到一些 PPT 作品具有生动的动画效果，既酷炫又富有创意，让人眼前一亮。这里一起学习一种可让作品页面具有动态背景的技巧，实验素材在“实验五素材”文件夹中。

二、实验要求

（1）利用 PowerPoint 2016 应用程序创建一个空白演示文稿，新建一张幻灯片，将版式设置为“空白”。

（2）在新建的幻灯片中插入“实验五素材”文件夹中的视频素材“背景动画.wmv”，对插入的视频素材进行裁剪，并调整视频的大小和位置，使其占满整个页面。

（3）对插入的视频进行设置，使其能够作为页面背景自动循环播放。

（4）分别插入“实验五素材”文件夹中的“第一幅图片素材.png”和“第二幅图片素材.png”两幅图片，并添加合适的“进入”动画效果。

（5）将“实验五素材”文件夹中的“战火纷飞.mp3”声音文件作为该幻灯片的背景音乐，并在幻灯片放映时即开始播放。

（6）将该幻灯片命名为“动态背景.pptx”，并将其保存到“实验五素材”文件夹中。

三、实验步骤

1. 创建幻灯片

启动 Microsoft Power Point 2016，选中第一张幻灯片，单击“开始”→“幻灯片”→“版式”按钮，在打开的下拉列表中选择“空白”版式，如图 7-40 所示。

2. 插入视频

（1）单击“插入”→“媒体”→“视频”下拉按钮，在打开的下拉列表中选择“PC

上的视频”选项，如图 7-41 所示。

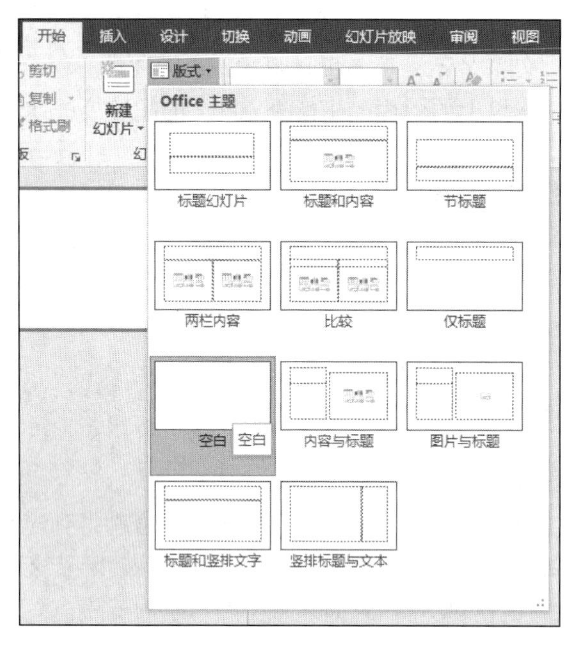

图 7-40 创建空白幻灯片页

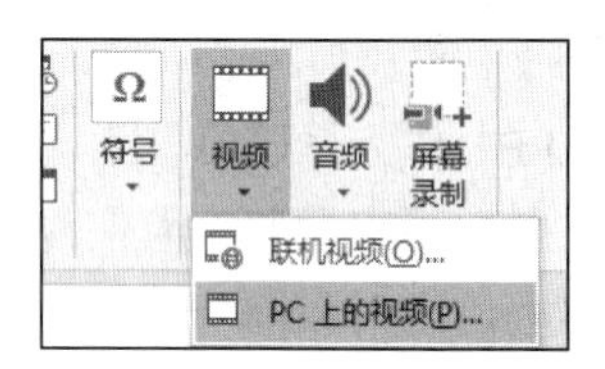

图 7-41 插入视频

（2）在打开的“插入视频文件”对话框中，选择“实验五素材”文件夹中的“背景动画.wmv”，单击“插入”按钮。

3. 视频编辑

（1）选中插入的视频素材，单击“视频工具-格式”→“大小”→“裁剪”按钮，此时在视频素材周围会出现裁剪控制柄，通过拖动裁剪控制柄将视频周围的黑边删除，如图 7-42 所示。

图 7-42 裁剪视频黑边

（2）利用视频素材周围的控制点调整视频大小，使其占满整个幻灯片页面，如图 7-43 所示。

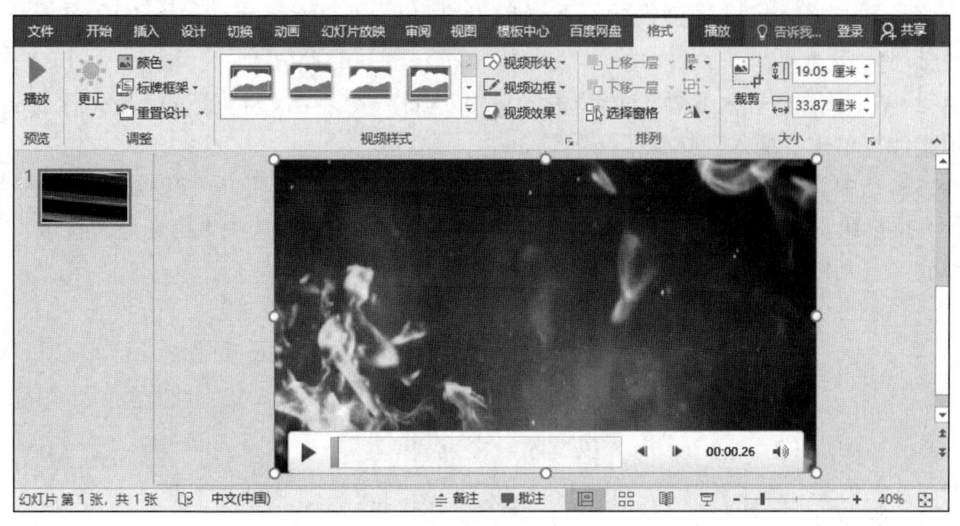

图 7-43 调整视频素材

4. 视频格式设置

选中视频素材，单击“视频工具-播放”→“视频选项”→“开始”下拉按钮，在打开的下拉列表中选择“自动（A）”选项，选中“循环播放，直到停止”复选框，如图 7-44 所示。

5. 图片的插入与设置

（1）单击“插入”→“图像”→“图片”按钮。

（2）在打开的“插入图片”对话框中，选中“实验五素材”文件夹下的“第一幅图片素材.png”文件，单击“插入”按钮。

（3）将插入图片的“大小”和“位置”调整为“占满整个幻灯片页面”，设置图片“进入”动画效果为“淡出”。在“动画”选项卡的“计时”选项组中设置“开始”选项为“与上一动画同时”，“持续时间”为“2 秒”，“延迟”为“0.5 秒”，如图 7-45 所示。

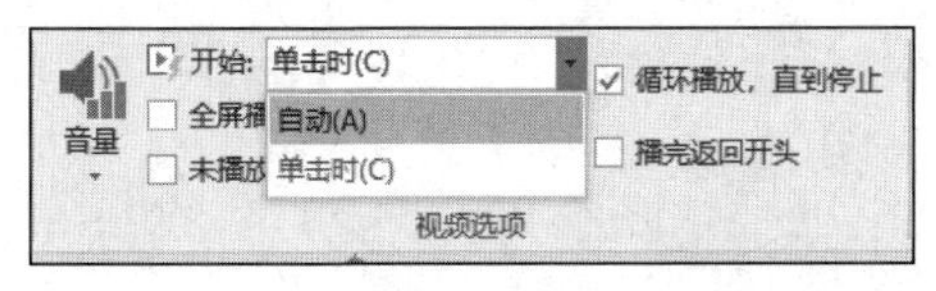

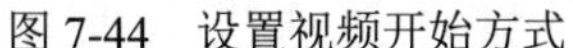
图 7-44 设置视频开始方式

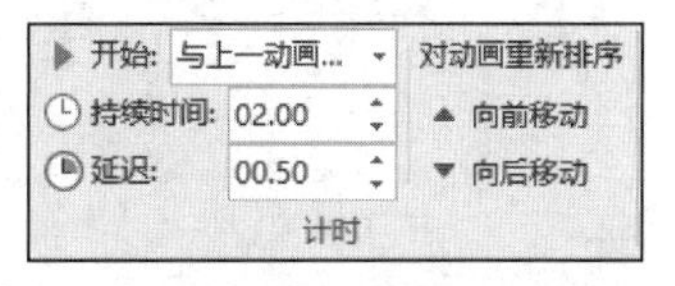

图 7-45 设置图片动画计时效果

（4）采用同样方法插入“实验五素材”文件夹下的“第二幅图片素材.png”文件，调整图片占满整个幻灯片页面，设置图片进入动画效果为“浮入”。在“动画”选项卡的“计时”选项组中设置“开始”选项为“上一动画之后”，“持续时间”为“2 秒”，“延迟”为“1 秒”。

6. 插入背景音乐

（1）单击“插入”→“媒体”→“音频”按钮，在打开的下拉列表中选择“PC 上的音频（P）”选项。

（2）在打开的“插入音频”对话框中，选中“实验五素材”文件夹下的“战火纷飞.mp3”音频文件，单击“插入”按钮。

（3）选中音频的“小喇叭”图标，单击“音频工具-播放”→“音频选项”→“开始”下拉按钮，在打开的下拉列表中选择“自动（A）”选项，选中“跨幻灯片播放”“循环播放，直到停止”“放映时隐藏”复选框，如图 7-46 所示。

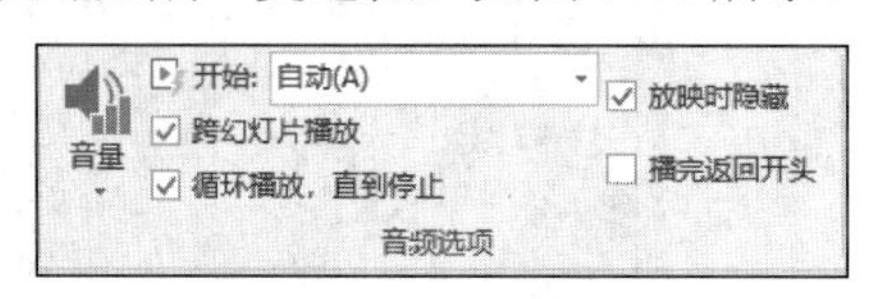

图 7-46　音频格式设置

7. 保存文档

将编辑好的文档命名为“动态背景.pptx”，保存即可。

四、实验练习题

请使用“实验五素材”文件夹中提供的“视频素材.wmv”文件创建动态背景演示文稿，并以文件名“个人简介.pptx”保存。具体要求如下。

（1）创建一张以动态视频为背景的幻灯片，去掉视频黑边，调整视频大小及位置，使其占满幻灯片页面。

（2）为幻灯片添加标题文字，标题为“×××个人简介”，并将其设为艺术字，并有制作日期（格式：××××年××月××日）。

（3）新建三张幻灯片，内容分别为“个人信息”“获得荣誉”“自我评价”，根据各自情况进行简单设计。幻灯片版式至少有 3 种，并为演示文稿选择一个合适的主题。

（4）为每张幻灯片中的对象添加动画效果，并设置 3 种以上的幻灯片切换效果。

（5）设计制作个人简历结束页面。

参考文献

陈伟，陈小明，邬丽华，2014．办公自动化高级应用案例教程[M]．2 版．北京：清华大学出版社．

鼎翰文化，2018．Windows 10 从入门到精通[M]．北京：人民邮电出版社．

段红，2018．计算机应用基础（Windows 10+Office 2016）[M]．北京：清华大学出版社．

高洪涛，2015．Windows 10 使用详解[M]．北京：电子工业出版社．

高林，2014．计算机应用基础[M]．北京：高等教育出版社．

高林，2014．计算机应用基础实训指导[M]．北京：高等教育出版社．

龚沛曾，杨志强，2013．大学计算机上机实验指导与测试[M]．6 版．北京：高等教育出版社．

郭强，2018．Windows 10 深度攻略[M]．北京：人民邮电出版社．

黄国兴，陶树平，丁岳伟，2004．计算机导论[M]．北京：清华大学出版社．

黄培周，江速勇，陈加元，2015．办公自动化任务驱动教程[M]．北京：中国铁道出版社．

李凤霞，2013．大学计算机实验[M]．北京：高等教育出版社．

李志鹏，2017．精解 Windows 10[M]．北京：人民邮电出版社．

刘冲，2015．Windows 10 使用详解[M]．北京：机械工业出版社．

龙马高新教育，2019．Windows 10 方法与技巧从入门到精通[M]．北京：北京大学出版社．

王素丽，2020．计算机应用基础项目驱动式教程（Windows 10+Office 2016）[M]．成都：四川大学出版社．

王移芝，2013．大学计算机[M]．4 版．北京：高等教育出版社．

张宇，胡晓燕，敬国东，2013．计算机应用基础[M]．北京：高等教育出版社．